die Buchreihe
zur Website

mathetreff-online

www.mathetreff-online.de

Flächeneinheiten

einfach erklärt

AF205290

Hallo!

Ich bin **Mady** und lerne mit dir die Flächeneinheiten. Ich wünsche dir viel Spaß beim Lernen und Üben!

Dieses Buch gehört

_____

Copyright © Christian Hensel (»Chris« – mathetreff-online.de-Team)

Dieses Buch darf ohne die schriftliche Genehmigung des Autors weder ganz noch teilweise kopiert, fotokopiert, reproduziert, übersetzt oder in elektronische oder maschinenlesbare Form konvertiert werden. Der Benutzer darf dieses Buch weder ganz noch teilweise für andere Zwecke drucken, repro-duzieren, weitergeben oder weiterverkaufen. Dies gilt insbesondere für kommerzielle Zwecke, wie den Verkauf von Kopien dieses Buches.

Der Autor übernimmt keine Haftung für die Vollständigkeit und Richtigkeit. Irrtümer vorbehalten.

1. Auflage: 06.04.2020

ISBN: 9783751905824

Herstellung und Verlag: Books on Demand GmbH, Norderstedt

Inhaltsverzeichnis

1. Vorwort

Hallo!

Sersheim, im April 2020

Vielen Dank für den Kauf dieses Buches.

Mit der eigenen Buchreihe zur Website geht das mathetreff-online-Team einen Schritt weiter und kombiniert das Lernen online und offline zu einem Gesamtpaket. Angefangen als Hobby zweier Realschüler im Großraum Stuttgart wurde aus der kleinen Homepage bis heute ein wachsendes Portal — eine feste Größe innerhalb der Nische „Mathe lernen im Internet".

Die Website wurde damals im Jahr 2000 ins Leben gerufen, um den oft trockenen Lernstoff des Faches Mathematik für unsere Mitschüler und uns selbst aufzubereiten. Eben nur auf moderne Art und Weise, gemixt mit einer ordentlichen Portion Spaß. Auch wenn wir mittlerweile keine Schüler mehr sind und fest im (nicht akademischen) Berufsleben stehen, hat sich an diesem Grundgedanken nichts geändert.

Anhand der vielen Feedbacks versuchen wir ständig, die Website an die Bedürfnisse unserer Besucher anzupassen. Mehr über die Website findest du am Ende dieses Buches. Auch für dieses Buch wünschen wir uns konstruktive Rückmeldungen. Über die Positiven freuen wir uns natürlich besonders ☺!

Du erreichst uns per E-Mail ✉ (buch@mathetreff-online.de), über Facebook f (www.facebook.com/mathetreffonline) oder über Twitter 🐦 (@mathetreffonlin – das „e" am Ende von „mathetreffonline" wollte Twitter nicht hergeben ☺).

Wenn dir dieses Buch besonders gut gefällt, empfehle es doch deinen Freunden, Mitschülern, Eltern oder auch deinen Lehrern weiter! Falls du in den sozialen Netzwerken aktiv bist, like 👍 uns doch auf Facebook und/oder folge uns auf Twitter.

Viel Spaß mit diesem Buch wünschen dir die Gründer von mathetreff-online

Philipp „Phil" Schrenk und Christian „Chris" Hensel

2. Flächeneinheiten

2.1. Was ist eine Flächeneinheit?

Sicherlich hast du schon einmal etwas von „2 Quadratmeter" oder „5 Hektar" gehört oder gelesen. Diese Kombination aus einer Zahl und einem Wort wird **Größe** genannt. Das Wort wird dabei als **Einheit** bezeichnet. Eine solche Einheit ist ein fest definierter Wert wie z. B. Länge, Gewicht oder auch Währungen (Geld). Die Zahl vor der Einheit wird als **Maßzahl** bezeichnet. Sie gibt an, wie viel du von der Einheit hast. So bedeuten 2 Quadratmeter, etwas ist 2 mal größer als 1 Quadratmeter, 5 Hektar bedeuten demnach, etwas ist 5 mal größer als 1 Hektar.

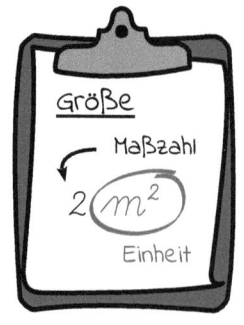

Eine Flächeneinheit (auch Flächenmaß genannt) ist eine Maßeinheit, mit der du die **Größe einer Fläche** angibst. Weißt du, was eine Fläche ist? Nein? Okay, dann erkläre ich es dir: Eine Fläche ist ein geometrisches Objekt, das eine Länge und eine Breite hat. Eine **Länge** ist eine Entfernung zwischen zwei Punkten, beispielsweise der Weg von dir zu deinem besten Freund oder Freundin. Er wird in einer Längeneinheit angegeben, wie z. B. Meter oder Kilometer. Für eine Fläche benötigst du noch eine zweite Länge, die in eine andere Richtung verläuft. Diese zweite Länge wird **Breite** genannt. Nehmen wir als einfache Anschauung diese Buchseite, die gerade vor dir liegt. Sie hat eine Länge (die Entfernung vom linken zum rechten Rand) und sie hat eine Breite (die Entfernung vom oberen zum unteren Rand), die jeweils in eine andere Richtung verlaufen.

Diese Buchseite ist eine Fläche. Sie besteht aus einer Länge und einer Breite.

Eine Fläche ist daher ein geometrisches Objekt, dass eine Länge und eine Breite hat. Ob es sich um ein Quadrat, Dreieck oder Kreis handelt oder wie dieses Objekt auch sonst aussehen mag, ist für uns uninteressant.

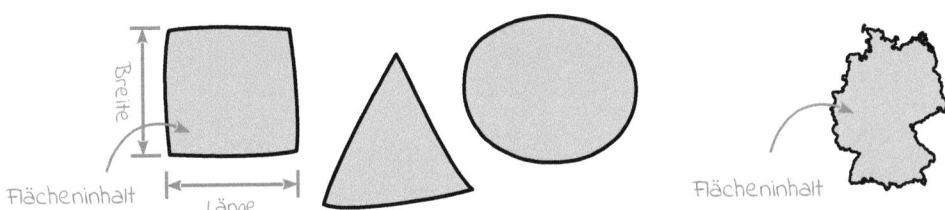

Quadrat, Dreieck oder Kreis - Alles Flächen...   Auch Deutschland ist eine Fläche...

Und jede Fläche hat einen Inhalt, den Flächeninhalt. Das ist der Bereich, der innerhalb der Begrenzungslinien liegt, in den obigen Flächen das gräulich bzw. das bläulich eingefärbte, falls du ein eBook hast. Dieser Inhalt wird mit einer Flächeneinheit angegeben.

2.2. Vorsätze für Flächeneinheiten

Jede Maßeinheit hat ihre eigene Grundeinheit. Bei den Flächeneinheiten ist die Grundeinheit der Quadratmeter (siehe hierzu Kapitel 4 ab Seite 19). Mit ihr kannst du alles abmessen. Dies wird dann unpraktisch, wenn die Grundeinheit sehr groß oder klein festgelegt ist. So muss immer mit einem Komma oder mit vielen Nullen gearbeitet werden. Stelle dir einmal vor, es gäbe nur die Grundeinheit Quadratmeter. Dann wäre ein Kästchen in deinem Matheheft 0,000025 Quadratmeter groß. Oder die Fläche von Deutschland beträgt 357.582.000.000 Quadratmeter. Du siehst, mit den großen Angaben wäre es äußerst unpraktisch. Daher hat man begonnen, die Grundeinheit in weitere Untereinheiten (so nennt man eine Einheit, vor der ein Vorsatz steht) zusammenzufassen bzw. zu unterteilen, die nun die Handhabung wesentlich vereinfachen und die Schreibweise verkürzen.

Das kannst du dir etwa wie mit Sprudelflaschen und den Kisten vorstellen: Wenn du viele Sprudelflaschen einzeln transportieren musst, ist das sehr umständlich. Einfacher geht es, wenn du sie in Kisten stellst. Immer eine bestimmte Anzahl an Flaschen passen in eine Kiste, bis sie voll ist. Und genau so ist es mit den Vorsätzen und den Untereinheiten. Immer eine gewisse Menge an Untereinheiten bilden die nächst größere Untereinheit. Wenn du genügend Kisten zusammen hast, kannst du sie auf einer Palette stapeln, die dann wieder der nächstgrößeren Untereinheit entspricht.

Für diese Untereinheiten hat man bestimmte **Vorsätze** gewählt, die vor dem eigentlichen Namen der Grundeinheit gesetzt werden. Nachfolgend habe ich dir die gängigen Vorsätze der Einheiten als Tabelle zusammengefasst:

Bedeutung	Name	Symbol	Aussehen	Verhältnis	
Tausendfache	Kilo	k	1.000		
Hundertfache	Hekto	h	100	· 10	diese Zahlen sind **größer** als 1 (> 1)
Zehnfache	Deka	da	10	· 10	
Eins			1	· 10	
Zehntel	Dezi	d	0,1	: 10	
Hundertstel	Zenti	c	0,01	: 10	diese Zahlen sind **kleiner** als 1 (< 1)
Tausendstel	Milli	m	0,001	: 10	

Die Bedeutung der Vorsätze ist jeweils Deka für das 10-fache, Hekto für das 100-fache und Kilo für das 1.000-fache sowie Dezi für den 10-ten Teil, Zenti für den 100-sten Teil und Milli für den 1.000-sten Teil. Es gibt darüber hinaus noch weitere Vorsätze, diese werden jedoch äußerst selten oder nur in speziellen Fachbereichen verwendet. Für die Schulmathematik reichen die oben aufgezeigten 6 Vorsätze aus, wobei die beiden Vorsätze Hekto und Deka in dieser Form kaum Anwendung finden.

Wenn du diese Vorsätze vor die Längengrundeinheit Meter setzt, erhältst du die nachfolgenden sieben Untereinheiten, die die **Längeneinheiten** darstellen:

Name	Symbol	Größe	Länge	Umrechnung	
Kilometer	km	10 · 1 hm	1.000 m		
Hektometer	hm	10 · 1 dam	100 m	· 10	: 10
Dekameter	dam	10 · 1 m	10 m	· 10	: 10
Meter	m	1 m	1 m	· 10	: 10
Dezimeter	dm	$\frac{1}{10}$ m	0,1 m	· 10	: 10
Zentimeter	cm	$\frac{1}{10}$ dm	0,01 m	· 10	: 10
Millimeter	mm	$\frac{1}{10}$ cm	0,001 m	· 10	: 10

Du hast bereits gelernt, dass die Flächeneinheiten auf den Längeneinheiten basieren. Um aber eine Flächeneinheit von einer Längeneinheit zu unterscheiden, setzt du vor alle Längeneinheiten den Zusatz »Quadrat«. Aus Meter wird so *Quadrat*meter. Warum gerade der Vorsatz Quadrat verwendet wird, erfährst du auf Seite 8.

Daraus leiten sich die folgenden **Flächeneinheiten** mit den Untereinheiten ab:

Name	Symbol	Größe	Fläche	
*Quadrat*kilometer	km²	$100 \cdot 1$ ha	1.000.000 m²	· 100
*Quadrat*hektometer (Hektar)	ha	$100 \cdot 1$ a	10.000 m²	· 100
*Quadrat*dekameter (Ar)	a	$100 \cdot 1$ m²	100 m²	· 100
*Quadrat*meter	m²	1 m²	1 m²	: 100
*Quadrat*dezimeter	dm²	$\frac{1}{100}$ m²	0,01 m²	: 100
*Quadrat*zentimeter	cm²	$\frac{1}{100}$ dm²	0,0001 m²	: 100
*Quadrat*millimeter	mm²	$\frac{1}{100}$ cm²	0,000001 m²	

Bei den Flächeneinheiten gibt es im Gegensatz zu andern Einheiten viele Untereinheiten. Die gängigen sind neben Quadratzentimeter und Quadratmillimeter auch Quadratkilometer und Ar. Anstelle des Namens der Untereinheit Quadratdekameter wird heute der Begriff »Ar« und für Quadrathektometer wird »Hektar« verwendet. Wobei der Name »Hektar« soviel wie 100 Ar bedeutet, da „hekto" 100 darstellt. Die vielen Untereinheiten kommen daher zustande, dass die Flächeneinheiten auf den Längeneinheiten basieren und bei den Längeneinheiten sehr kleine Sprünge gemacht worden sind.

Durch die Untereinheiten ist ein Kästchen in deinem Matheheft 25 Quadratmillimeter (statt 0,000025 Meter) groß und die Fläche von Deutschland beträgt 357.582 Quadratkilometer (statt 357.582.000.000 Quadratmeter).

Durch die Untereinheiten ist das Handhaben der Flächeneinheiten einfacher geworden. Die einzelnen Maßzahlen sind nun bedeutend kürzer. Wie du nun zwischen den einzelnen Untereinheiten umrechnest, erfährst du im Kapitel 3.

2.3. warum hoch 2?

Ist dir aufgefallen, dass in der Tabelle auf Seite 7 beim Symbol für die Flächeneinheiten hinter der Einheit eine hochgestellte 2 steht? Was bedeutet das? Den Flächeninhalt einer Fläche kann man messen und berechnen. Das ist aber nicht Bestandteil dieses Buches. Allgemein kannst du aber den Flächeninhalt berechnen, indem du die Länge mit der Breite multiplizierst. Und dieses Ergebnis wird mit einer Flächeneinheit angegeben. Die Länge und die Breite sind beides Längen mit einer Längeneinheit, beispielsweise Meter (m). Da du bei einer Fläche zwei Längeneinheiten miteinander multiplizierst, erhältst du die **zweite Potenz** der Einheit. Man sagt auch „das **Quadrat**" dazu (daher auch der Vorsatz »Quadrat«). Diese zweite Potenz wird mit einer kleinen hochgestellten 2 gekennzeichnet (^{2}), die hinter die Längeneinheit geschrieben wird. So ergeben m · m = m². Dieses m² wird als *Quadrat*meter gesprochen.

Wenn du dir auf einer Wiese eine Fläche absteckst, die jeweils 1 Meter lang und 1 Meter breit ist, erhältst du die Form eines Quadrates. Das ist eine viereckige Fläche mit vier gleich langen Seiten. Die Länge und die Breite sind somit gleich lang (jeweils 1 Meter). Die abgesteckte Fläche ist 1 Quadratmeter (1 m²) groß. Aber wie kommt dieser Wert zustande? Die beiden Zahlenwerte ergeben 1 · 1 = 1 und die beiden Längeneinheiten ergeben m · m = m². Dieses m² ist die zweite Potenz der Längeneinheit m. Der Flächeninhalt dieses abgesteckten Quadrates beträgt somit 1 m². Damit kannst du auch sagen, dass 1 Quadratmeter eine quadratische Fläche mit einer Seitenlänge von 1 Meter ist.

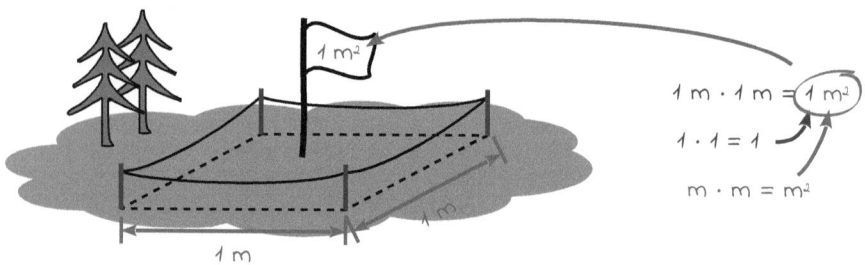

Da bei einer Fläche zwei Längeneinheiten multipliziert werden, erhältst du die zweite Potenz der Einheit. Man sagt auch „das Quadrat" dazu. Diese zweite Potenz wird mit einer kleinen hochgestellten 2 gekennzeichnet (^{2}), die hinter die Längeneinheit geschrieben wird.

3. Zwischen den Untereinheiten umrechnen

Wenn vor einer Einheit ein Vorsatz steht, spricht man auch von einer Untereinheit. So ist Quadratzentimeter eine Untereinheit der Grundeinheit Quadratmeter. Du kannst beliebig zwischen den Untereinheiten hin und her umrechnen. Dies ist dann wichtig, wenn in einer Rechnung verschiedene Untereinheiten auftauchen, da du generell nur mit Einheiten rechnen kannst, wenn diese gleich sind. Wenn du von einer Untereinheit in eine andere wechselst, benötigst du den sogenannten Umrechnungsfaktor. Jede Einheit hat dabei ihren eigenen Umrechnungsfaktor, der bei den jeweiligen Untereinheiten immer gleich bleibt. Das bedeutet, zwischen Quadratmeter und Ar hast du den gleichen Umrechnungsfaktor wie zwischen Quadratzentimeter und Quadratmillimeter.

3.1. Der Umrechnungsfaktor

Vergleichst du die Vorsätze-Tabelle auf Seite 6, siehst du, dass es von einem Vorsatz zum nächsten immer 10 ist. Die magische Zahl, die bei allen Vorsätzen gleich ist, lautet 10. Diese Zahl wird auch Umrechnungsfaktor der Längeneinheiten genannt. Du benötigst ihn, wenn du von einer Untereinheit in eine andere Untereinheit umrechnen willst. Um von einer kleineren in eine größere Untereinheit umzurechnen, musst du die Maßzahl durch 10 dividieren. Umgekehrt musst du, um von einer größeren in eine kleinere Untereinheit umzurechnen, die Maßzahl mit 10 multiplizieren.

Bei den Flächeneinheiten ist das jedoch anders. Da sie das Quadrat (die zweite Potenz) der Längeneinheiten sind, musst du hierbei den Umrechnungsfaktor der Längeneinheiten auch quadrieren, bzw. mit sich selbst multiplizieren: $10 \cdot 10 = 10^2 = 100$. Das kommt daher zustande, da du zwei Längeneinheiten (als Länge und Breite) hast. Damit hast du auch  zweimal den Umrechnungsfaktoren der Längeneinheiten. Diese ergeben miteinander multipliziert 100. Diese magische Zahl 100 wird Umrechnungsfaktor der Flächeneinheiten genannt.

- Um von einer **kleineren in eine größere** Untereinheit umzurechnen (Pfeile nach oben), musst du die Maßzahl durch **100 dividieren.**
- Um von einer **größeren in eine kleinere** Untereinheit umzurechnen (Pfeile nach unten), musst du die Maßzahl mit **100 multiplizieren.**

Name	Symbol	Größe	Fläche	Umrechnung
Quadratkilometer	km²	100 · 1 ha	1.000.000 m²	· 100 : 100
Quadrathektometer (Hektar)	ha	100 · 1 a	10.000 m²	· 100 : 100
Quadratdekameter (Ar)	a	100 · 1 m²	100 m²	· 100 : 100
Quadratmeter	m²	1 m²	1 m²	· 100 : 100
Quadratdezimeter	dm²	$\frac{1}{100}$ m²	0,01 m²	· 100 : 100
Quadratzentimeter	cm²	$\frac{1}{100}$ dm²	0,0001 m²	· 100 : 100
Quadratmillimeter	mm²	$\frac{1}{100}$ cm²	0,000001 m²	

Der Umrechnungsfaktor ist die magische Zahl, mit der du zwischen den Untereinheiten umrechnen kannst. Er ist bei allen Untereinheiten gleich und beträgt bei den Flächeneinheiten 100.

3.2. Von groß nach klein

Rechnest du von einer größeren Untereinheit in eine kleinere Untereinheit um, beispielsweise von Quadratdezimeter (m²) in Quadratzentimeter (dm²), so musst du die Maßzahl mit dem **Umrechnungsfaktor 100 multiplizieren** (mal nehmen). Bildlich kannst du dir das so vorstellen: Du zerschneidest die größere Untereinheit gemäß dem Umrechnungsfaktor in die kleinere Untereinheit und erhältst dabei **viele** kleine Stücke. Du hast am Ende mehr Stücke, also musst du multiplizieren (merke dir: mehr = multiplizieren).

groß nach klein

1 dm²

· 100

100 cm²

mathetreff-online

Quadratkilometer	km²	
Hektar	ha	· 100
Ar	a	· 100
Quadratmeter	m²	· 100
Quadratdezimeter	**dm²**	· 100
Quadratzentimeter	**cm²**	· 100
Quadratmillimeter	mm²	· 100

Mehr

M

> Das »M« (wie mehr) sieht in der Mitte aus wie ein Pfeil nach unten. Daher musst du, wenn du nach „unten" rechnest, den vorhandenen Wert mit dem Umrechnungsfaktor 100 multiplizieren.

Der Umrechnungsfaktor bei Flächeneinheiten beträgt 100. Willst du eine größere Untereinheit in eine kleinere Untereinheit umrechnen, so musst du die Maßzahl mit 100 multiplizieren. Um beispielsweise 1 Quadratdezimeter (dm²) in Quadratzentimeter (cm²) umzurechnen, multiplizierst du die Maßzahl mit 100. Durch die Umrechnung erhält die Größe auch die neue Untereinheit, die die bisherige Untereinheit ersetzt: 1 dm² (· 100) = 100 cm².

Nachfolgend werden wir 1 Quadratdezimeter in Quadratzentimeter umrechnen. Damit du dir bildlich vorstellen kannst, was bei der Umrechnung passiert, nehmen wir ein quadratisches Blatt Papier mit der Seitenlänge von 1 Dezimeter (entspricht 10 cm) zur Hilfe. Da du von einer größeren Untereinheit in eine kleinere Untereinheit umrechnest (Quadratdezimeter ist größer als Quadratzentimeter), musst du mit dem Umrechnungsfaktor **100 multiplizieren**. Du erhältst dabei **mehrere** Stücke. Da jedoch nichts hinzukommt, werden die vielen Stücke eben kleiner. Der Umrechnungsfaktor setzt sich aus 10 · 10 = 100 zusammen. Bildlich gesehen schneidest du das 1-Quadratdezimeter-Papier in 100 gleich große Stücke. Schneide das Quadrat von einer Seite in 10 gleich breite Streifen (1 dm : 10 = 0,1 dm = 1 cm). Anschließend teilst du jeden Streifen wieder in 10 gleich große Stücke. Die Fläche mit den 100 kleinen Quadraten ist wieder genauso groß wie das ursprüngliche Quadrat. Die nächstkleinere Flächeneinheit nach Quadratdezimeter (dm²) ist Quadratzentimeter (cm²), daher beträgt der Flächeninhalt eines kleinen Stückes 1 Quadratzentimeter (1 cm · 1 cm = 1 cm²).

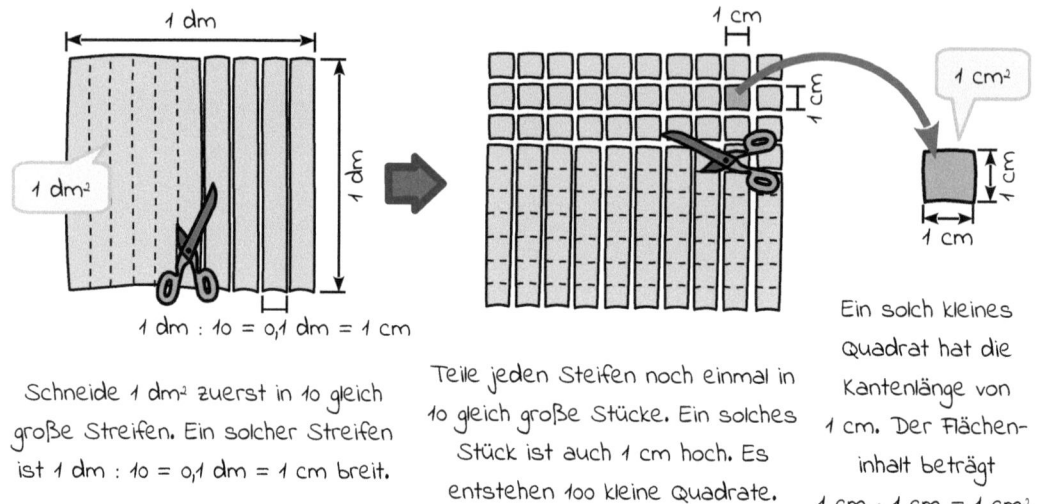

1 dm²

1 dm : 10 = 0,1 dm = 1 cm

1 cm²

1 cm

1 cm

Schneide 1 dm² zuerst in 10 gleich große Streifen. Ein solcher Streifen ist 1 dm : 10 = 0,1 dm = 1 cm breit.

Teile jeden Streifen noch einmal in 10 gleich große Stücke. Ein solches Stück ist auch 1 cm hoch. Es entstehen 100 kleine Quadrate.

Ein solch kleines Quadrat hat die Kantenlänge von 1 cm. Der Flächeninhalt beträgt 1 cm · 1 cm = 1 cm².

Ich zeige dir nun schemenhaft, wie du einen Quadratdezimeterwert in Quadratzentimeter umrechnest. Bei den anderen Untereinheiten ist die Vorgehensweise identisch.

So rechnest du zwischen zwei Untereinheiten um	So sieht es aus
Du sollst diese Fläche in Quadratzentimeter umrechnen:	$5\,dm^2 = ?\,cm^2$
1. Du rechnest von einer größeren in eine kleinere Untereinheit (↓) und musst daher **multiplizieren**.	Richtung ↓ =multiplizieren
2. Bei Flächeneinheiten beträgt der Umrechnungsfaktor **100**.	Umrechnungsfaktor 100
3. Multipliziere die Maßzahl (5) mit dem Umrechnungsfaktor (100): **5 · 100 = 500**.	$5 \cdot 100$ $= 500$
4. Hänge die **neue Untereinheit** Quadratzentimeter (**cm²**) an die eben berechnete Maßzahl.	$500\,cm^2$
🏁 5 Quadratdezimeter entsprechen 500 Quadratzentimeter.	$5\,dm^2 = 500\,cm^2$

Wenn du von einer größeren Untereinheit in eine kleinere Untereinheit umrechnen willst, musst du die Maßzahl mit der Zahl auf dem Umrechnungspfeil nach unten multiplizieren (· 100). Die Maßzahl wird dabei größer.

Du kannst natürlich auch **über mehrere Untereinheiten umrechnen**, z. B. von Quadratmeter (m²) nach Quadratzentimeter (cm²). Dabei hast du mehrere Möglichkeiten: schrittweise oder auf einmal. Wenn du lieber schrittweise vorgehen willst, dann rechnest du immer von einer Untereinheit auf die nächstkleinere: Zuerst von Quadratmeter (m²) auf Quadratdezimeter (dm²) und anschließend von Quadratdezimeter (dm²) auf Quadratzentimeter (cm²). Der Umrechnungsfaktor beträgt dabei jeweils **100**.

Wenn du lieber auf einmal rechnen willst, musst du die Zahlen in den Pfeilen miteinander multiplizieren, die zwischen diesen Untereinheiten liegen. Zwischen Quadratmeter und Quadratzentimeter liegen zwei Pfeile. Der erste Pfeil zwischen Quadratmeter auf Quadratdezimeter, der zweite Pfeil zwischen Quadratdezimeter auf Quadratzentimeter. Auf jedem Pfeil steht die Zahl 100. Nun multiplizierst du diese beiden Zahlen miteinander: 100 · 100 = 10.000. Der **kombinierte Umrechnungsfaktor** beträgt 10.000. Mit ihm multiplizierst du nun den Quadratmeterwert.

Quadratkilometer	km²	
		· 100
Hektar	ha	
		· 100
Ar	a	
		· 100
Quadratmeter	**m²**	
		· 100
Quadratdezimeter	**dm²**	
		· 100
Quadratzentimeter	**cm²**	
		· 100
Quadratmillimeter	mm²	

· 100 · 100 = · 10.000

> Rechnest du über mehrere Untereinheiten hinweg, so musst du die Zahlen in den Pfeilen miteinander multiplizieren, die dazwischen liegen. Bei zwei Untereinheiten beträgt der kombinierte Umrechnungsfaktor 10.000 (100 · 100), bei drei Untereinheiten 1.000.000 (100 · 100 · 100), usw.

Ich zeige dir nun schemenhaft, wie du einen Quadratmeterwert in Quadratzentimeter umrechnest. Bei den anderen Untereinheiten ist die Vorgehensweise identisch.

So rechnest du über mehrere Untereinheiten um	So sieht es aus
Du sollst diese Fläche in Quadratzentimeter umrechnen:	$7\,m^2 = ?\,cm^2$
1. Du rechnest von einer größeren in eine kleinere Untereinheit (↓) und musst daher **multiplizieren**.	Richtung ↓ =multiplizieren

So rechnest du über mehrere Untereinheiten um		So sieht es aus
2.	Bei Flächeneinheiten beträgt der Umrechnungsfaktor **100**.	Umrechnungsfaktor 100 ⤸
3.	Du rechnest über zwei Untereinheiten hinweg (2 Pfeile), daher musst du beide Zahlen auf den Pfeilen multiplizieren: **100 · 100 = 10.000**. Diese 10.000 ist der kombinierte Umrechnungsfaktor.	$100 \cdot 100$ $= 10.000$ ⤸
4.	Multipliziere die Maßzahl (7) mit dem kombinierten Umrechnungsfaktor (10.000): **7 · 10.000 = 70.000**.	$7 \cdot 10.000$ $= 70.000$
5.	Hänge die **neue Untereinheit** Quadratzentimeter (cm²) an die eben berechnete Maßzahl.	$70.000\,cm^2$
🏁	7 Quadratmeter entsprechen 70.000 Quadratzentimeter.	$7\,m^2 = 70.000\,cm^2$

> Wenn du von einer größeren Untereinheit über mehrere kleinere Untereinheiten hinweg rechnen willst, dann musst du die Zahlen auf den Umrechnungspfeilen multiplizieren und anschließend die Maßzahl mit dem kombinierten Umrechnungsfaktor multiplizieren.

3.3. Von klein nach groß

Rechnest du von einer kleineren Untereinheit in eine größere Untereinheit um, beispielsweise von Quadratzentimeter (cm²) in Quadratdezimeter (dm²), so musst du die Maßzahl durch den Umrechnungsfaktor **100 dividieren** (teilen). Bildlich kannst du dir das so vorstellen: Du legst die kleinere Untereinheit gemäß dem Umrechnungsfaktor zu einer größeren Untereinheit zusammen und erhältst dadurch **wenige** große Stücke. Du hast am Ende weniger Stücke, also musst du dividieren (merke dir: weniger = dividieren).

klein nach groß

$1\,dm^2$

: 100

$100\,cm^2$

Quadratkilometer	km²	
Hektar	ha	: 100
Ar	a	: 100
Quadratmeter	m²	: 100
Quadratdezimeter	**dm²**	: 100
Quadratzentimeter	**cm²**	: 100
Quadratmillimeter	mm²	: 100

Weniger

Das »W« (wie weniger) sieht in der Mitte aus wie ein Pfeil nach oben. Daher musst du, wenn du nach „oben" rechnest, den vorhandenen Wert durch den Umrechnungsfaktor 100 dividieren.

Der Umrechnungsfaktor bei Flächeneinheiten beträgt 100. Willst du eine kleinere Untereinheit in eine größere Untereinheit umrechnen, so musst du die Maßzahl durch 100 dividieren. Um beispielsweise 100 Quadratzentimeter (cm²) in Quadratdezimeter (dm²) umzurechnen, dividierst du die Maßzahl durch 100. Durch die Umrechnung erhält die Größe auch eine neue Untereinheit, die die bisherige Untereinheit ersetzt: 100 cm² (: 100) = 1 dm².

Nachfolgend werden wir 100 Quadratzentimeter in Quadratdezimeter umrechnen. Damit du dir bildlich vorstellen kannst, was bei der Umrechnung passiert, nehmen wir unsere Papierstücke von vorhin mit einer Fläche von 1 Quadratzentimeter zur Hilfe. Da du von einer kleineren Untereinheit in die größere Untereinheit umrechnest (Quadrat-zentimeter ist kleiner als Quadratdezimeter), musst du durch den Umrechnungsfaktor **dividieren**. Du erhältst dabei **weniger** Stücke. Da jedoch nichts wegkommt, werden die Stücke dabei größer, bzw. sie ergeben ein großes Stück. Der Umrechnungsfaktor setzt sich aus 10 · 10 = 100 zusammen. Du legst immer 10 dieser 1-Quadratzenti-meterstücke zu einem Streifen zusammen. Aus 10 dieser Streifen entsteht ein großes Quadrat aus 100 kleinen Quadraten, das eine Länge und Breite von 10 · 1 cm = 10 cm = 1 dm hat. Die nächstgrößere Längeneinheit nach Zentimeter (cm) ist Dezimeter (dm), daher ist das Quadrat 1 Dezimeter lang und breit. Die nächstgrößere Flächeneinheit nach Quadratzentimeter (cm²) ist Quadratdezimeter (dm²), daher beträgt der Flächen-inhalt des großen Quadrates 1 Quadratdezimeter (1 dm · 1 dm = 1 dm²).

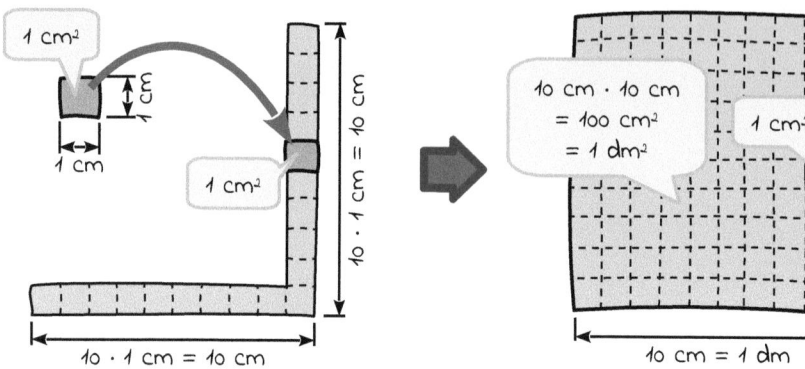

Lege ein großes Quadrat, dessen Seitenlänge jeweils das 10-fache eines Quadratzentimeters beträgt (10 · 1 cm = 10 cm = 1 dm).

Du erhältst ein großes Quadrat mit einer Seitenlänge von 10 · 1 cm = 10 cm = 1 dm, das aus 100 einzelnen 1 cm²-Stücken besteht. Diese Fläche wird Quadratdezimeter (dm²) genannt und ist 10 cm · 10 cm = 100 cm² = 1 dm² groß.

Ich zeige dir nun schemenhaft, wie du einen Quadratzentimeterwert in Quadratdezimeter umrechnest. Bei den anderen Untereinheiten ist die Vorgehensweise identisch.

So rechnest du zwischen zwei Untereinheiten um	So sieht es aus
Du sollst diese Fläche in Quadratdezimeter umrechnen:	$500\,cm² = ?\,dm²$
1. Du rechnest von einer kleineren in eine größere Untereinheit (↑) und musst daher **dividieren**.	Richtung ↑ = dividieren
2. Bei Flächeneinheiten beträgt der Umrechnungsfaktor **100**.	Umrechnungsfaktor 100
3. Dividiere die Maßzahl (500) durch den Umrechnungsfaktor (100): **500 : 100 = 5**.	$500:100$ = 5
4. Hänge die **neue Untereinheit** Quadratdezimeter (dm²) an die eben berechnete Maßzahl.	$5\,dm²$
🏁 500 Quadratzentimeter entsprechen 5 Quadratdezimeter.	$500\,cm² = 5\,dm²$

Wenn du von einer kleineren Untereinheit in eine größere Untereinheit umrechnen willst, musst du die Maßzahl durch die Zahl auf dem Umrechnungspfeil nach unten dividieren (: 100). Die Maßzahl wird dabei kleiner.

Du kannst natürlich auch **über mehrere Untereinheiten umrechnen**, z. B. von Quadratzentimeter (cm²) nach Quadratmeter (m²). Dabei hast du mehrere Möglichkeiten: schrittweise oder auf einmal. Wenn du lieber schrittweise vorgehen willst, dann rechnest du immer von einer Untereinheit auf die nächstgrößere: Zuerst von Quadratzentimeter (cm²) auf Quadratdezimeter (dm²) und anschließend von Quadratdezimeter (dm) auf Quadratmeter (m²). Der Umrechnungsfaktor beträgt dabei jeweils **100**.

Wenn du lieber auf einmal rechnen willst, musst du die Zahlen in den Pfeilen miteinander multiplizieren, die zwischen diesen Untereinheiten liegen. Zwischen Quadratzentimeter und Quadratmeter liegen zwei Pfeile. Der erste Pfeil zwischen Quadratzentimeter auf Quadratdezimeter, der zweite Pfeil zwischen Quadratdezimeter auf Quadratmeter. Auf jedem Pfeil steht die Zahl 100. Nun multiplizierst du diese beiden Zahlen miteinander: 100 · 100 = 10.000. Der **kombinierte Umrechnungsfaktor** beträgt 10.000. Durch ihn dividierst du nun den Quadratzentimeterwert.

Quadratkilometer	km²	
		: 100
Hektar	ha	
		: 100
Ar	a	
		: 100
Quadratmeter	**m²**	
		: 100
Quadratdezimeter	**dm²**	
		: 100 : 100 = : 10.000
Quadratzentimeter	**cm²**	
		: 100
Quadratmillimeter	mm²	

Rechnest du über mehrere Untereinheiten hinweg, so musst du die Zahlen in den Pfeilen miteinander multiplizieren, die dazwischen liegen. Bei zwei Untereinheiten beträgt der kombinierte Umrechnungsfaktor 10.000 (100 · 100), bei drei Untereinheiten 1.000.000 (100 · 100 · 100), usw.

Ich zeige dir nun schemenhaft, wie du einen Quadratzentimeterwert in Quadratmeter umrechnest. Bei den anderen Untereinheiten ist die Vorgehensweise identisch.

So rechnest du über mehrere Untereinheiten um	So sieht es aus
Du sollst diese Fläche in Quadratmeter umrechnen:	$70.000\,cm^2 = ?\,m^2$
1. Du rechnest von einer kleineren in eine größere Untereinheit (↑) und musst daher **dividieren**.	Richtung ↑ = dividieren
2. Bei Flächeneinheiten beträgt der Umrechnungsfaktor **100**.	Umrechnungsfaktor 100
3. Du rechnest über zwei Untereinheiten hinweg (2 Pfeile), daher musst du beide Zahlen auf den Pfeilen multiplizieren: **100 · 100 = 10.000**. Diese 10.000 ist der kombinierte Umrechnungsfaktor.	$100 \cdot 100$ $= 10.000$
4. Dividiere die Maßzahl (70.000) durch den kombinierten Umrechnungsfaktor: **70.000 : 10.000 = 7**.	$70.000 : 10.000$ $= 7$
5. Hänge die **neue Untereinheit** Quadratmeter (m²) an die eben berechnete Maßzahl.	$7\,m^2$
🏁 70.000 Quadratzentimeter entsprechen 7 Quadratmeter.	$70.000\,cm^2 = 7\,m^2$

Wenn du von einer kleineren Untereinheit über mehrere größere Untereinheiten hinweg rechnen willst, dann musst du die Zahlen auf den Umrechnungspfeilen multiplizieren und anschließend die Maßzahl mit dem kombinierten Umrechnungsfaktor dividieren.

4. Die Grundeinheit Quadratmeter

Der Quadratmeter ist die Grundeinheit der Flächeneinheiten und hat das Symbol m für Meter mit einer hochgestellten 2: m^2. Manchmal siehst du auch »qm« als Symbol, die Anfangsbuchstaben der beiden Wortteile. Das Wort Quadratmeter setzt sich aus zwei Wortteilen zusammen: Der hintere Wortteil »meter« stammt vom griechischen Wort »métron« ab, das übersetzt soviel wie Maß, Werkzeug zum Messen oder Länge bedeutet und steht für eine Stecke von 1 m. Der vordere Wortteil »Quadrat« bedeutet, es handelt sich um eine quadratische Fläche. Ein Quadratmeter ist daher eine quadratische Fläche, deren Seiten jeweils 1 Meter lang und 1 Meter breit sind.

4.1. Die Entstehung des Meters

Die heutigen Längeneinheiten gibt es erst seit etwa 300 Jahren. Als es davor noch keine genormten Einheiten gab, halfen sich die Menschen mit Hilfsmaßeinheiten und das, was sie meistens dabei hatten: Ihre Gliedmaßen. Für kurze Entfernungen gab es beispielsweise die Einheiten Fingerbreite oder Handspanne, für längere Entfernungen Elle, Fuß oder Schritt. Nun gab es dabei ein Problem, denn

die Menschen waren alle unterschiedlich groß und daher fielen auch die Maße entsprechend unterschiedlich aus.

Der französische Abt Jean Picard schlug daher im Jahre 1668 vor, als fest definierte Längeneinheit die Länge eines Pendels zu nehmen, das eine halbe Periodendauer von einer Sekunde hat. Es hatte nach heutiger Definition eine Länge von etwa 0,994 Meter.

Im Jahr 1735 startete die Pariser Akademie der Wissenschaften zwei Expeditionen ins heutige Ecuador und nach Lappland, um die genauen Abmessungen der Erde festzustellen. 58 Jahre später legte der französische Nationalkonvent 1793 ein neues Längenmaß fest: Der Meter sollte der 10-millionste Teil der Entfernung

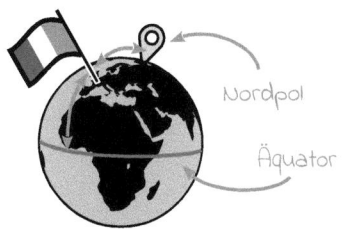

vom Nordpol über Paris zum Äquator betragen. Ein Prototyp dieses Meters (das Ur-Meter) wurde 1795 als Messingstab gegossen. Er hatte nach heutiger Definition eine Länge von 1,00013 Meter.

Zwischen 1792 und 1799 wurde der Längengrad zwischen Dünkirchen und Barcelona erneut vermessen. Mit einer Kombination aus der vorhergehenden Ecuador-Lappland-Messung ergab sich ein neuer Wert, der 1799 für verbindlich erklärt wurde. Auch diese Länge wurde als Platinstab gegossen. Im Vergleich zum heutigen Meter war er etwa 0,2 Millimeter zu kurz. Dieser Stab wurde dann 30 mal kopiert, um ihn in alle Welt zu verschicken. Obwohl man bei der Herstellung sehr genau vorging, führte es zu ungewollten Abweichungen.

Daraus kam die Idee, die Definition über eine Wellenlänge zu bestimmen. Ein Meter wurde daraufhin wie folgt festgelegt: 1 Meter ist das 1.650.763,73-fache (1,6 Millionenfache) der Wellenlänge der von Atomen des Edelgases ^{86}Krypton beim Übergang vom Zustand $5d_5$ zum Zustand $2p_{10}$ ausgesandten, sich im Vakuum ausbreitenden Strahlung. Wer die notwendige Fachkenntnis und die Ausrüstung besaß, konnte über diese Definition die Länge eines Meters an jedem beliebigen Ort reproduzieren...

Im Jahr 1983 wurde wieder eine neue Längendefinition für den Meter eingeführt: 1 Meter ist die Strecke, die das Licht im Vakuum während der Dauer von einer 299.792.485-stel (299,7 millionstel) Sekunde zurücklegt. Dieser krumme Wert wurde absichtlich gewählt, um möglichst nahe am Urmeter zu liegen. Du lässt einen Lichtstrahl eine Sekunde lang im Vakuum scheinen und misst nach, welche Strecke das Licht dabei zurückgelegt hat: 299.792.485 m (fast 300.000 km). Diese lange Strecke teilst du nun in 299.792.485 gleiche Teile. Ein solches Teilchen ist 1 Meter. Im Umkehrschluss daraus benötigt das Licht für die Strecke von 1 Meter eine 299.792.485-stel Sekunde (0,000000003 Sekunden).

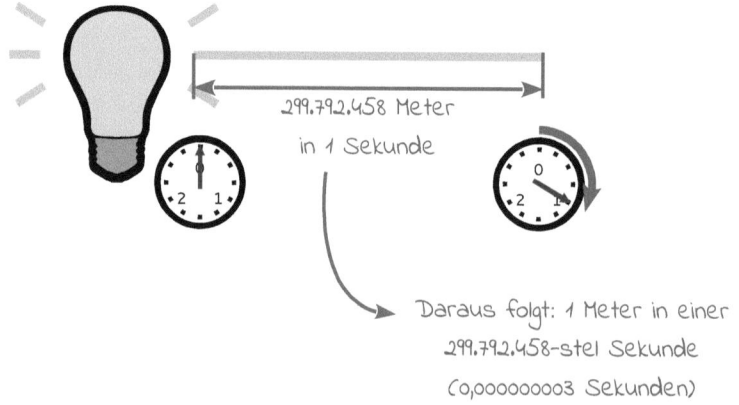

299.792.458 Meter
in 1 Sekunde

Daraus folgt: 1 Meter in einer
299.792.458-stel Sekunde
(0,000000003 Sekunden)

Nehmen wir an, du hast dir viermal ein entsprechendes Stück Holz mit einer Länge von exakt 1 Meter passgenau abgesägt. Wenn du diese vier Balken immer an der Kante zusammenlegst, erhältst du in der Mitte eine quadratische Fläche, deren Kantenlänge jeweils 1 Meter beträgt. Der Inhalt dieser Fläche ist 1 Quadratmeter (1 m²).

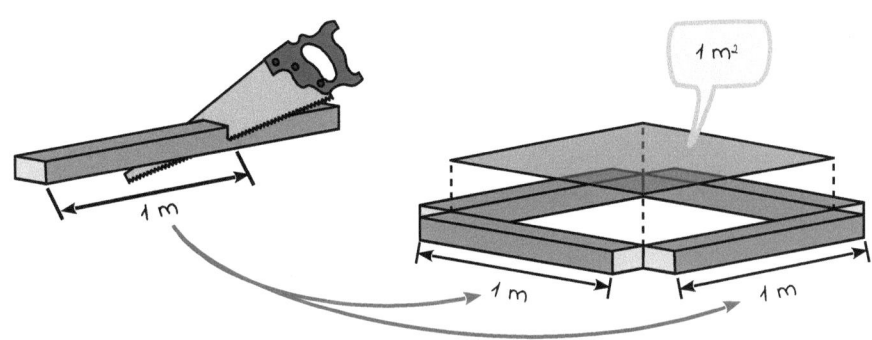

Die unten abgebildete Linie stellt eine »Einheitenleine« dar. An diese Leine hängen wir im Laufe dieses Buches alle Flächeneinheiten auf. So kannst du immer die Einordnung der Einheit sehen. Die Grundeinheit Quadratmeter mit dem Symbol »m²« hängst du als erste Einheit in der Mitte der Leine auf:

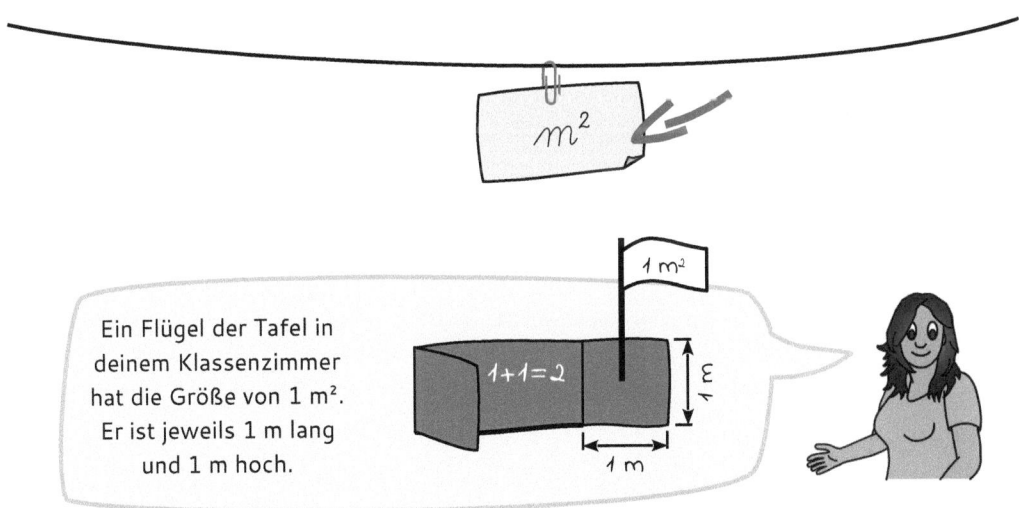

Ein Flügel der Tafel in deinem Klassenzimmer hat die Größe von 1 m². Er ist jeweils 1 m lang und 1 m hoch.

4.2. Vorsätze für Teile eines Quadratmeters

Die Fläche von einem Quadratmeter war inzwischen fest definiert. Damit konnte schon eine Menge gemessen werden. Umständlich wurde es bei Flächen, die viel **kleiner** als ein Quadratmeter waren. Die Angaben mussten dann immer in Kommaschreibweise und unter Umständen mit vielen Nullen geschrieben werden, was sich im Alltag als nicht sehr praxistauglich herausstellte. Daher wurden Vorsätze eingeführt und vor die Grundeinheit geschrieben.

Willst du von einer größeren in eine kleinere Untereinheit umrechnen, so musst du die Maßzahl mit 100 multiplizieren (Pfeile nach unten auf Seite 10).

Quadratdezimeter

Stelle dir vor, du hast ein riesiges quadratisches Stück Papier mit einer Fläche von 1 m². Diese Fläche teilst du nun gemäß dem Umrechnungsfaktor in 100 gleich große Stücke, die ebenfalls kleine Quadrate darstellen. Der Umrechnungsfaktor setzt sich aus $10 \cdot 10 = 100$ zusammen. Daher schneidest du das quadratische Stück Papier zuerst in 10 gleich große Streifen, die du anschließend noch einmal in 10 gleich große Stücke teilst. Ein solch kleines Quadrat hat die Seitenlänge von einem Zehntel eines Meters, nämlich ein Dezimeter (1 m : 10 = 0,1 m = 1 dm). Sein Flächeninhalt beträgt daher 1 **Quadratdezimeter** (1 dm · 1 dm = 1 dm²), das Symbol sind die Kleinbuchstaben dm, gefolgt von der hochgestellten 2: dm². Das Wort Quadratdezimeter setzt sich aus drei Wortteilen zusammen: Der hintere Wortteil »meter« steht für eine Strecke von 1 m. Der mittlere Wortteil »dezi« stammt vom griechischen »decimus«, das für Zehntel ($\frac{1}{10}$ bzw. 0,1) steht. Der vordere Wortteil »Quadrat« bedeutet, es handelt sich um eine quadratische Fläche. Also ist ein Quadratdezimeter eine quadratische Fläche, deren Seiten jeweils ein Zehntel Meter (0,1 m = 1 dm) lang und ein Zehntel Meter breit sind. Ein Quadratdezimeter entspricht der Fläche von 0,1 m · 0,1 m = 0,01 m².

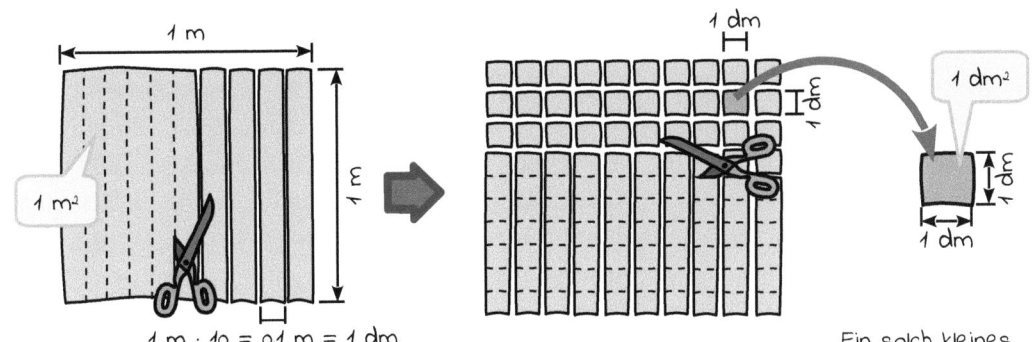

Schneide 1 m² zuerst in 10 gleich große Streifen. Ein solcher Streifen ist 1 m : 10 = 0,1 m = 1 dm breit.

Teile jeden Steifen noch einmal in 10 gleich große Stücke. Ein solches Stück ist auch 1 dm hoch. Es entstehen 100 kleine Quadrate.

Ein solch kleines Quadrat hat die Kantenlänge von 1 dm. Der Flächeninhalt beträgt 1 dm · 1 dm = 1 dm².

Ergänze auf deiner Einheitenleine die Flächeneinheit Quadratdezimeter mit dem Symbol »dm²«. Da sie kleiner als die Grundeinheit Quadratmeter ist, hängst du sie links von ihr auf:

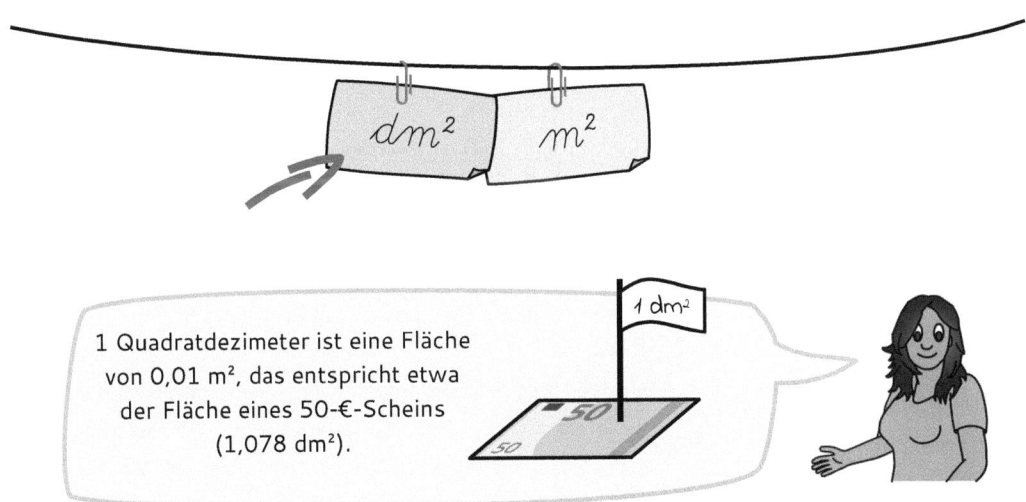

1 Quadratdezimeter ist eine Fläche von 0,01 m², das entspricht etwa der Fläche eines 50-€-Scheins (1,078 dm²).

Quadratzentimeter

Nimm dir eines der kleinen Quadrate mit einer Fläche von 1 dm². Diese Fläche teilst du nun gemäß dem Umrechnungsfaktor wieder in 100 gleich große Stücke, die ebenfalls kleine Quadrate darstellen. Der Umrechnungsfaktor setzt sich aus 10 · 10 = 100 zusammen. Daher schneidest du das quadratische Stück Papier zuerst in 10 gleich große Streifen, die du anschließend noch einmal in 10 gleich große Stücke teilst. Ein solch kleines Quadrat hat die Seitenlänge von einem Zehntel eines Dezimeters (1 dm : 10 = 0,1 dm). Da ein Dezimeter bereits ein Zehntel eines Meters darstellt, ist so ein Stück ein Hundertstel eines Meters (0,01 m), ein Zentimeter (1 dm : 10 = 0,1 dm = 1 cm). Sein Flächeninhalt beträgt daher 1 **Quadratzentimeter** (1 cm · 1 cm = 1 cm²), das Symbol sind die Kleinbuchstaben cm, gefolgt von der hochgestellten 2: **cm²**. Das Wort Quadratzentimeter setzt sich aus drei Wortteilen zusammen: Der hintere Wortteil »meter« steht für eine Strecke von 1 m. Der mittlere Wortteil »zenti« stammt vom lateinischen »centesimus«, das für Hundertstel ($\frac{1}{100}$ bzw. 0,01) steht. Der vordere Wortteil »Quadrat« bedeutet, es handelt sich um eine quadratische Fläche. Also ist ein Quadratzentimeter eine quadratische Fläche, deren Seiten jeweils ein Hundertstel Meter (0,01 m = 1 cm) lang und ein Hundertstel Meter breit sind. Ein Quadratzentimeter entspricht der Fläche von 0,01 m · 0,01 m = 0,0001 m².

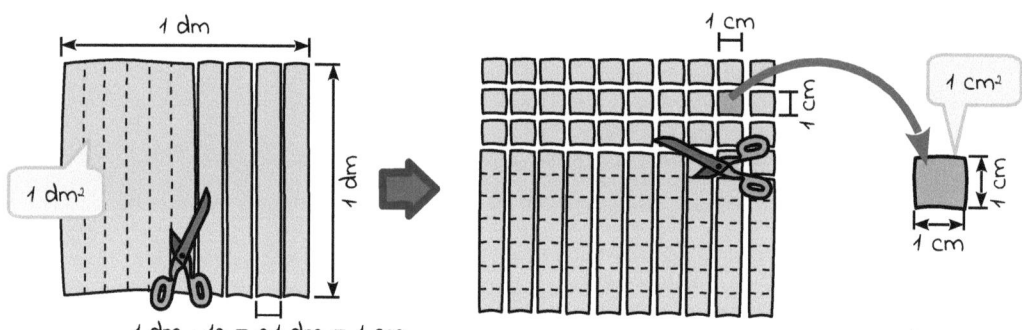

Schneide 1 dm² zuerst in 10 gleich große Streifen. Ein solcher Streifen ist 1 dm : 10 = 0,1 dm breit.

Teile jeden Steifen noch einmal in 10 gleich große Stücke. Ein solches Stück ist auch 1 cm hoch. Es entstehen 100 kleine Quadrate.

Ein solch kleines Quadrat hat die Kantenlänge von 1 cm. Der Flächeninhalt beträgt 1 cm · 1 cm = 1 cm².

Ergänze auf deiner Einheitenleine die Flächeneinheit Quadratzentimeter mit dem Symbol »cm²«. Da sie kleiner als die Einheit Quadratdezimeter ist, hängst du sie links von ihr auf:

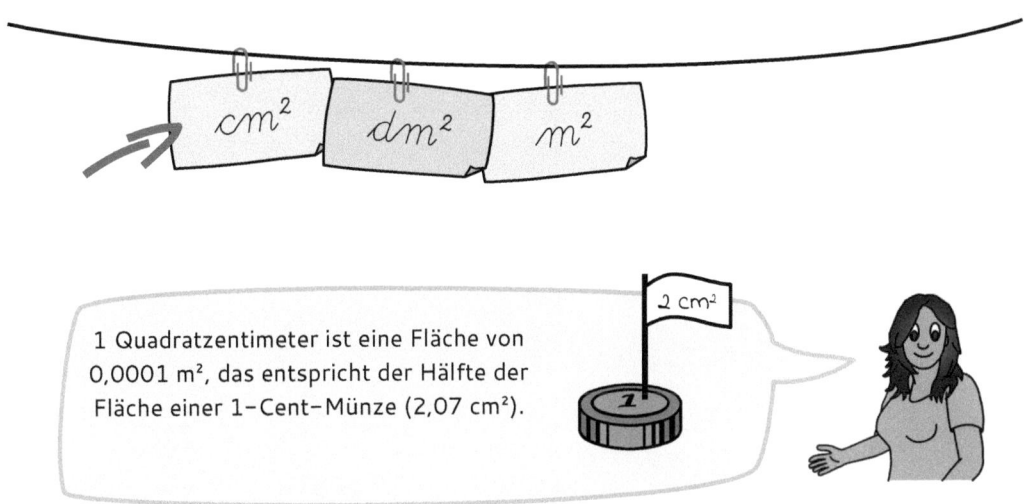

1 Quadratzentimeter ist eine Fläche von 0,0001 m², das entspricht der Hälfte der Fläche einer 1-Cent-Münze (2,07 cm²).

Quadratmillimeter

Nimm dir wieder eines der kleinen Quadrate mit einer Fläche von 1 cm². Diese Fläche teilst du nun gemäß dem Umrechnungsfaktor noch einmal in 100 gleich große Stücke, die ebenfalls kleine Quadrate darstellen. Der Umrechnungsfaktor setzt sich aus 10 · 10 = 100 zusammen. Daher schneidest du das quadratische Stückchen Papier zuerst in 10 gleich große Streifen, die du anschließend noch einmal in 10 gleich große Stücke teilst. Ein solch kleines Quadrat hat die Seitenlänge von einem Zehntel eines Zentimeters (1 cm : 10 = 0,1 cm). Da ein Zentimeter bereits ein Hundertstel eines Meters darstellt, ist so ein Stück ein Tausendstel eines Meters (0,001 m), ein Millimeter (1 cm : 10 = 0,1 cm = 1 mm). Sein Flächeninhalt beträgt daher 1 Quadratmillimeter (1 mm · 1 mm = 1 mm²), das Symbol sind die Kleinbuchstaben mm, gefolgt von der hochgestellten 2: mm². Das Wort Quadratmillimeter setzt sich aus drei Wortteilen zusammen: Der hintere Wortteil »meter« steht für eine Strecke von 1 m. Der mittlere Wortteil »milli« stammt vom lateinischen »millesimus«, das für Tausendstel ($\frac{1}{1.000}$ bzw. 0,001) steht. Der vordere Wortteil »Quadrat« bedeutet, es handelt sich um eine quadratische Fläche. Also ist ein Quadratmillimeter eine quadratische Fläche, deren Seiten jeweils ein Tausendstel Meter (0,001 m = 1 mm) lang und ein Tausendstel Meter breit sind. Ein Quadratmillimeter entspricht der Fläche von 0,001 m · 0,001 m = 0,000001 m².

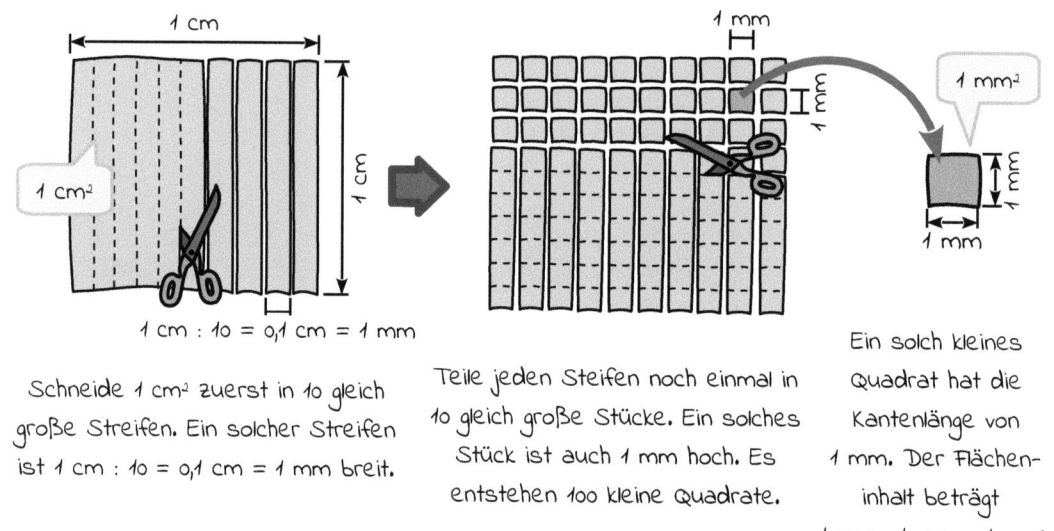

Schneide 1 cm² zuerst in 10 gleich große Streifen. Ein solcher Streifen ist 1 cm : 10 = 0,1 cm = 1 mm breit.

Teile jeden Steifen noch einmal in 10 gleich große Stücke. Ein solches Stück ist auch 1 mm hoch. Es entstehen 100 kleine Quadrate.

Ein solch kleines Quadrat hat die Kantenlänge von 1 mm. Der Flächeninhalt beträgt 1 mm · 1 mm = 1 mm².

Ergänze auf deiner Einheitenleine die Flächeneinheit Quadratmillimeter mit dem Symbol »mm²«. Da sie kleiner als die Einheit Quadratzentimeter ist, hängst du sie links von ihr auf:

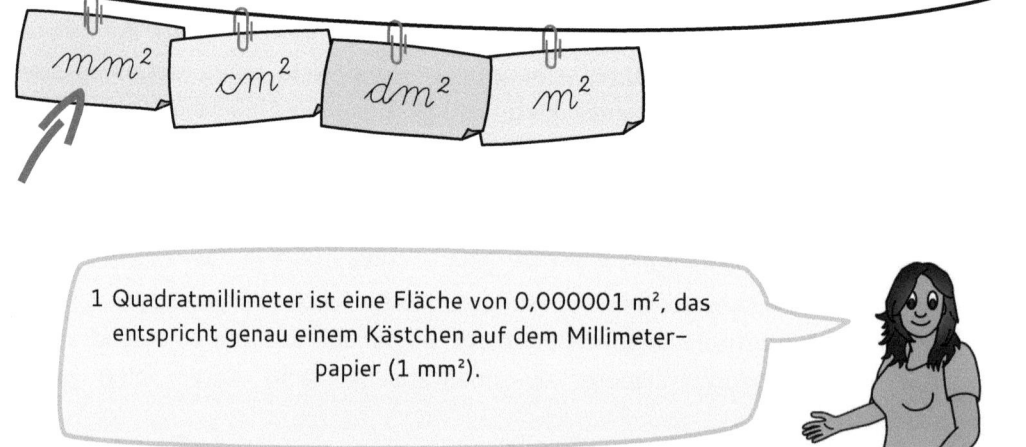

1 Quadratmillimeter ist eine Fläche von 0,000001 m², das entspricht genau einem Kästchen auf dem Millimeterpapier (1 mm²).

4.3. Vorsätze für ein Vielfaches eines Quadratmeters

Nun konnten bereits auch Teile eines Quadratmeters abgemessen und die Angaben in handlichen Größen angegeben werden. Umständlich wurde es nur noch bei Flächen, die weitaus größer als ein Quadratmeter waren. Diese Angaben mussten dann immer mit vielen Nullen geschrieben werden, was sich im Alltag als nicht sehr praxistauglich herausstellte. Daher wurden auch hier Vorsätze eingeführt und vor die Grundeinheit geschrieben.

Willst du von einer kleineren in eine größere Untereinheit umrechnen, so musst du den Wert durch 100 dividieren (Pfeile nach oben auf Seite 10).

Ar

Lege nun ein großes Quadrat, dessen Seitenlänge und –breite jeweils das Zehnfache eines Quadratmeters beträgt. Ein Quadratmeter hat eine Seitenlänge von 1 m. Das große Quadrat ist somit zehnmal größer und damit 10 · 1 m = 10 m lang. Um eine Länge von 10 Meter zu legen, benötigst du 10 einzelne Quadratmeter nebeneinander. Da bei einem Quadrat die Länge und Breite jeweils gleich lang sind, benötigst du für die Breite ebenfalls 10 einzelne Quadratmeter. Insgesamt besteht die nun gelegte Fläche aus 10 · 10 = 100 einzelnen Quadratmeter. Eine Strecke von 10 Meter wird auch als Dekameter (vom griechischen »déka« = 10) genannt. Nach dem üblichen Namensschema müsste diese große Fläche eigentlich Quadratdekameter heißen (da ja eine Seitenlänge 1 Dekameter (10 m) lang ist). Diese Fläche von 100 Quadratmeter wurde zunächst »are« vom lateinischen Wort »ãrea« (für Fläche) genannt und war lange Zeit die einzige metrische Flächeneinheit. Daraus entwickelte sich der heute verwendete Namen **Ar**, mit dem Symbol aus dem Kleinbuchstaben **a**. Ein Ar ist eine quadratische Fläche aus 100 Quadratmetern (100 · 1 m² = 100 m² = 1 a), deren Seiten jeweils 10 Meter lang und 10 Meter breit sind. Es besteht daher aus 10 m · 10 m = 100 m².

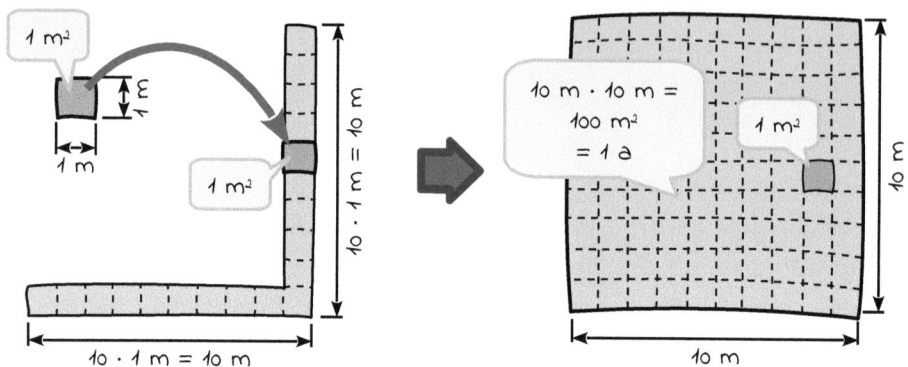

Lege ein großes Quadrat, dessen
Seitenlänge jeweils das 10-fache
eines Quadratmeters beträgt
(10 · 1 m = 10 m).

Du erhältst ein großes Quadrat mit einer
Seitenlänge von 10 · 1 m = 10 m, das aus
100 einzelnen 1 m²-Stücken besteht. Diese
Fläche wird Ar (a) genannt und ist
10 m · 10 m = 100 m² = 1 a groß.

Ergänze auf deiner Einheitenleine die Flächeneinheit Ar mit dem Symbol »a«. Da sie
größer als die Grundeinheit Quadratmeter ist, wird sie rechts von ihr aufgehängt:

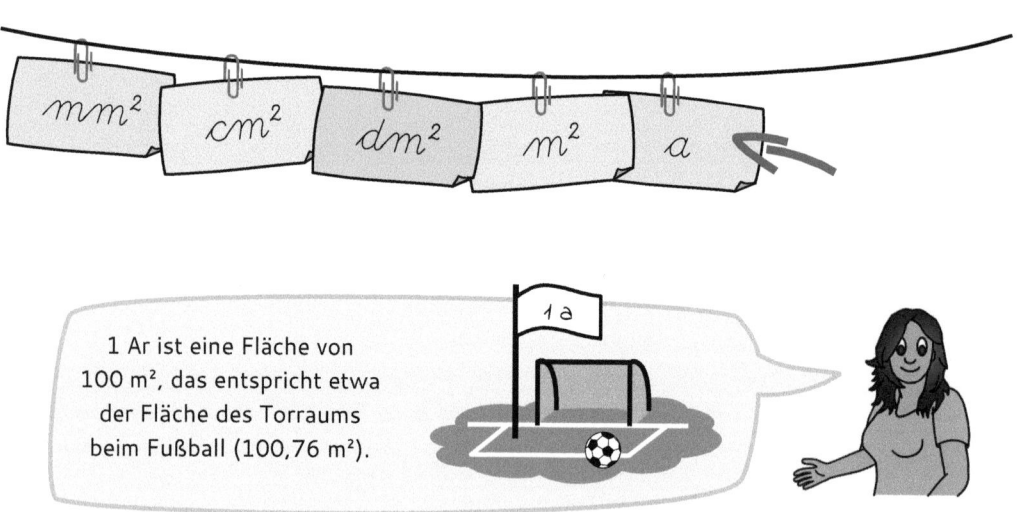

1 Ar ist eine Fläche von
100 m², das entspricht etwa
der Fläche des Torraums
beim Fußball (100,76 m²).

Hektar

Lege nun ein noch größeres Quadrat, dessen Seitenlänge und –breite jeweils das Zehnfache eines Ars beträgt. Ein Ar hat eine Seitenlänge von 10 m. Das große Quadrat ist somit zehnmal größer und damit 10 · 10 m = 100 m lang. Um eine Länge von 100 Meter zu legen, benötigst du 10 einzelne Ar nebeneinander. Da bei einem Quadrat die Länge und die Breite jeweils gleich lang sind, benötigst du für die Breite ebenfalls 10 einzelne Ar. Insgesamt besteht die nun gelegte Fläche aus 10 · 10 = 100 einzelnen Ar. Eine Strecke von 100 Meter wird auch als Hektometer (vom griechischen Wort »hekatón« = 100) genannt. Nach dem üblichen Namensschema müsste diese große Fläche eigentlich Quadrathektometer heißen (da ja eine Seitenlänge 1 Hektometer (100 m) lang ist). Da diese Fläche aus 100 Ar besteht, wurde sie **Hektar** genannt, ein Kunstwort aus »Hekt« und »ar«. Der Wortteil »Hekt« stammt vom griechischen Wort »hekatón« ab, das, wie gesagt, hundert bedeutet. Somit ist ein Hektar eine quadratische Fläche aus 100 Ar (100 · 1 a = 100 a = 1 ha). Das Symbol für Hektar sind übrigens die Kleinbuchstaben **ha**. Ein Hektar ist eine quadratische Fläche aus 100 Ar, deren Seiten jeweils 100 Meter lang und 100 Meter breit sind. Er besteht daher aus 100 m · 100 m = 10.000 m².

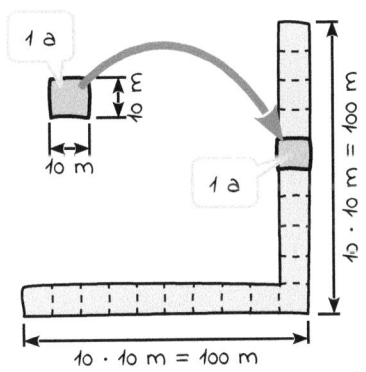

Lege ein großes Quadrat, dessen
Seitenlänge jeweils das 10-fache
eines Ar's beträgt
(10 · 10 m = 100 m).

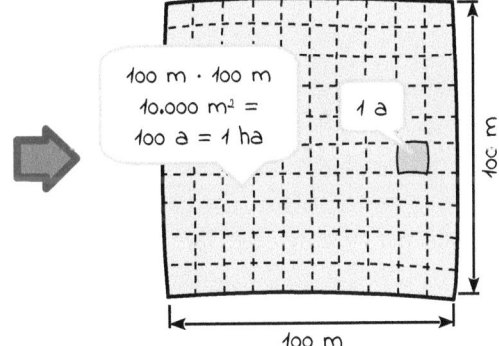

Du erhältst ein großes Quadrat mit einer
Seitenlänge von 10 · 10 m = 100 m, das aus
100 einzelnen 1 a-Stücken besteht. Diese
Fläche wird Hektar (ha) genannt und ist
100 m · 100 m = 10.000 m² = 100 a = 1 ha groß.

Ergänze auf deiner Einheitenleine die Flächeneinheit Hektar mit dem Symbol »ha«. Da sie größer als die Einheit Ar ist, wird sie rechts von ihr aufgehängt:

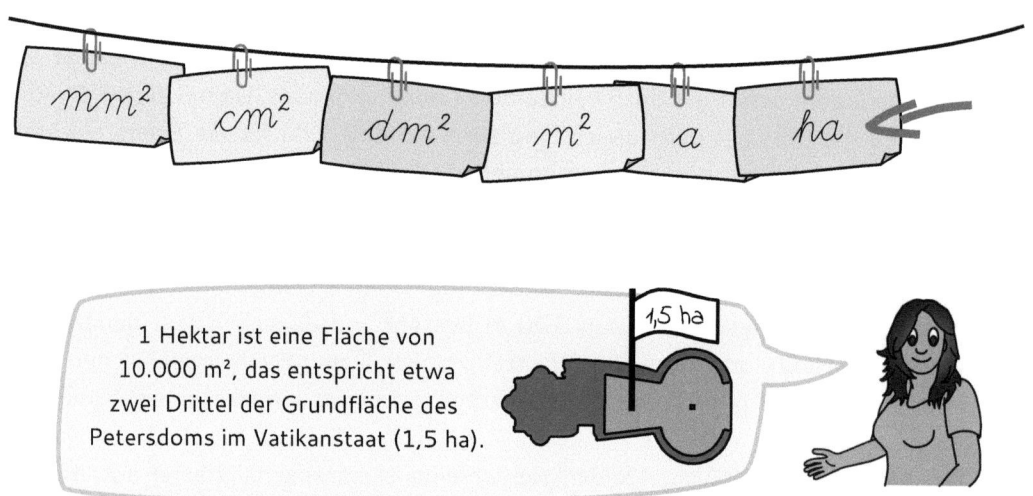

1 Hektar ist eine Fläche von 10.000 m², das entspricht etwa zwei Drittel der Grundfläche des Petersdoms im Vatikanstaat (1,5 ha).

Quadratkilometer

Lege nun ein noch größeres Quadrat, dessen Seitenlänge und –breite jeweils das Zehnfache eines Hektars beträgt. Ein Hektar hat eine Seitenlänge von 100 m. Das große Quadrat ist somit zehnmal größer und damit 10 · 100 m = 1.000 m = 1 km lang. Um eine Länge von 1 Kilometer zu legen, benötigst du 10 einzelne Hektar nebeneinander. Da bei einem Quadrat die Länge und die Breite jeweils gleich lang sind, benötigst du für die Breite ebenfalls 10 einzelne Hektar. Insgesamt besteht die nun gelegte Fläche aus 10 · 10 = 100 einzelnen Hektar. Diese große Fläche wird auch **Quadratkilometer** genannt (100 · 1 ha = 100 ha = 1 km²), das Symbol sind die Kleinbuchstaben km². Da jede Seite nun 1 km lang ist, beträgt die Fläche 1 km · 1 km = 1 km². Das Wort Quadratkilometer setzt sich aus drei Wortteilen zusammen: Der hintere Wortteil »meter« steht für eine Strecke von 1 m. Der mittlere Wortteil »kilo« stammt vom griechischen Wort »chílioi« ab, das tausend bedeutet. Der vordere Wortteil »Quadrat« bedeutet, es handelt sich um eine quadratische Fläche. Ein Quadratkilometer ist eine quadratische Fläche, deren Seiten jeweils 1.000 Meter lang und 1.000 Meter breit sind. Diese Fläche ist genau so groß wie 100 Hektar. Ein Quadratkilometer besteht daher aus 1.000 m · 1.000 m = 1.000.000 m². Das sind eine Million Quadratmeter.

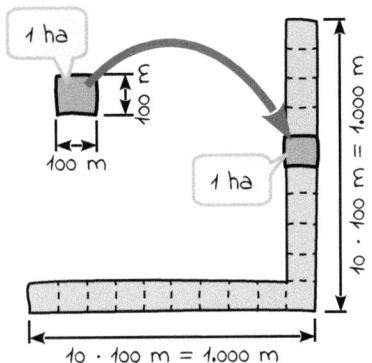

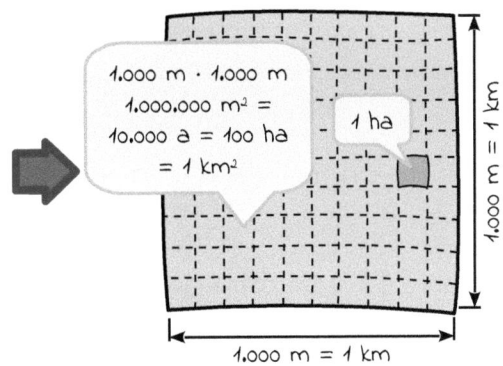

Lege ein großes Quadrat, dessen
Seitenlänge jeweils das 10-fache
eines Hektars beträgt
(10 · 100 m = 1.000 m = 1 km).

Du erhältst ein großes Quadrat mit einer
Seitenlänge von 10 · 100 m = 1.000 m = 1 km,
das aus 100 einzelnen 1 ha-Stücken besteht.
Diese Fläche wird Quadratkilometer (km²)
genannt und ist 1.000 m · 1.000 m = 1.000.000 m²
10.000 a = 100 ha = 1 km² groß.

Ergänze auf deiner Einheitenleine die Flächeneinheit Quadratkilometer mit dem Symbol
»km²«. Da sie größer als die Einheit Hektar ist, wird sie rechts von ihr aufgehängt:

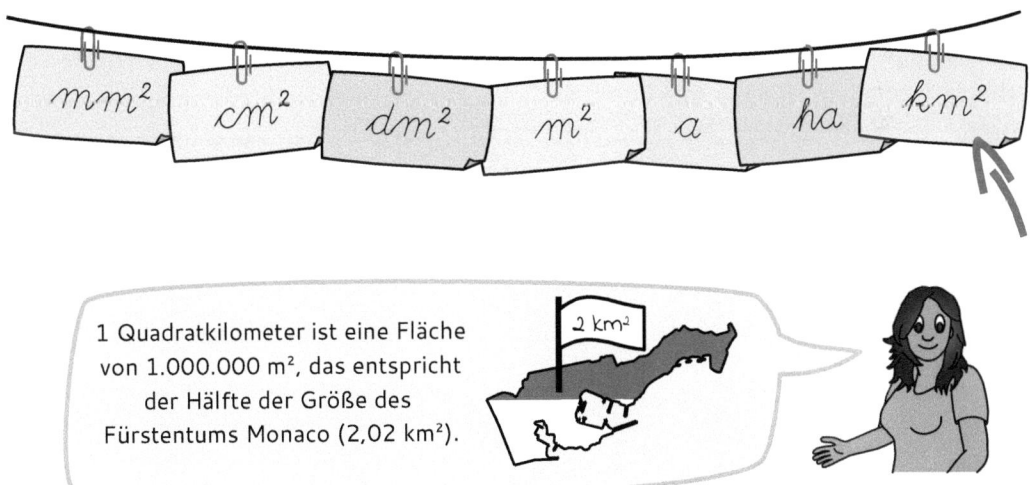

5. Alte Flächenmaße

Bevor im Jahre 1871 im damaligen Deutschen Reich das metrische System mit dem Meter als Grundeinheit eingeführt wurde, gab es bei den Flächenmaßen örtliche Unterschiede. Es gab zwar die gleichen Namen, die jeweilige Länge war von Region zu Region unterschiedlich. Die Flächenmaße leiteten sich von den damals üblichen Längenmaßen ab, die dann ins Quadrat gesetzt wurden. Meistens hat der Landesfürst mit seinen eigenen Körpermaßen die jeweiligen Maße in seinem Reich bestimmt. So war in Hamburg ein Fuß 28,6 cm lang, damit ergab sich ein Quadratfuß von 817,96 cm². In Baden war ein Fuß genau 30 cm lang, somit war hier ein Quadratfuß eine Fläche von 900 cm². Das ist nicht viel, aber ein Unterschied von 82,04 cm², etwa die Fläche eines Bierdeckels. Ein anderes Beispiel ist die Elle: In Hamburg war sie 57,3 cm lang, die Quadratelle lag hier bei 3.283,29 cm². In Baden war sie fast 3 cm länger und betrug hier genau 60 cm, daraus ergab sich eine Quadratelle von 3.600 cm². Der Unterschied beträgt 316,71 cm², etwa die Fläche eines DIN-A5-Papieres.

Damit die Menschen jederzeit nachmessen konnten, wie lang ein Fuß oder eine Elle ist, war an den Rathäusern der Städte immer ein Vergleichsmaß, meistens aus Stein oder Eisen, an der Außenwand angebracht. So konnte man „sein" Maß mit der Vorgabe vergleichen. Vor allem Händler, die durch das Land fuhren oder auch ausländische Händler mussten vor dem Verkauf „ihr" Maß entsprechend der örtlichen Vorgabe anpassen, um nicht Ärger mit den Kunden zu bekommen, wenn sie zu wenig verkauften.

Nachfolgend habe ich dir einige dieser alten Flächeneinheiten aufgelistet:

Name	Fläche	Fläche heute	Merkmale
Quadrat-linie	$\frac{1}{12}$ Zoll · $\frac{1}{12}$ Zoll	ca. 4 mm² bis 9 mm²	1 Linie = $\frac{1}{12}$ Zoll = ca. 2 mm bis 3 mm
Quadrat-zoll	$\frac{1}{12}$ Fuß · $\frac{1}{12}$ Fuß	ca. 5,76 cm² bis 12,96 cm²	1 Zoll = $\frac{1}{12}$ Fuß = ca. 2,4 mm bis 3,6 cm (Zoll wird heute noch verwendet und ist definiert als 2,54 cm)
Quadrat-fuß	12 Zoll · 12 Zoll	ca. 6,25 dm² bis 18,49 dm²	1 Fuß = $\frac{1}{2}$ Elle = ca. 25 cm bis 43 cm (Länge des Fußes)

Name	Fläche	Fläche heute	Merkmale
Quadrat-elle	1 Elle · 1 Elle	ca. 25 dm² bis 72,25 dm²	1 Elle = ca. 50 cm bis 85 cm (Abstand zwischen Ellbogen und Mittelfingerspitze)
Klafter	3 Ellen · 3 Ellen	ca. 2,9 m² bis 8,4 m²	1 Klafter = 3 Ellen = ca. 1,7 m bis 2,9 m (Spannweite der ausgestreckten Arme)
Quadrat-rute	ca. 256 bis 576 Quadratfuß	ca. 12 m² bis 49 m²	1 Rute = 8 bis 12 Fuß = ca. 3,5 m bis 7 m
Morgen		ca. 25 a bis 118 a	Ackerfläche, die mit einem einscharigen Ochsenpflug an einem Vormittag pflügbar ist
Tagewerk		ca. 25 a bis 36 a	Landfläche, die Arbeiter mit einem Ochsengespann an einem Tag bestellen (mähen) konnten

Daneben gab es noch weitere Flächeneinheiten wie beispielsweise Acker, Hufe oder Joch. So waren in Preußen im 18. Jahrhundert 15 Morgen eine Hakenhufe und drei Hakenhufen bildeten eine Trippelhufe, was heute ungefähr 30 Hektar entspricht.

Bei so vielen verschiedenen Einheiten bist du doch sicherlich froh, dass 1793 der Meter festgelegt wurde und somit der Quadratmeter mit seinen einheitlichen Untereinheiten entstand...

6. Rechnen mit Flächeneinheiten

Mit den Flächeneinheiten kannst du nicht nur von einer Untereinheit in eine andere Untereinheit umrechnen, sondern du kannst mit ihnen auch gewöhnlich rechnen: Du kannst sie addieren, subtrahieren, multiplizieren oder auch dividieren.

Du kannst jedoch nur Maßzahlen berechnen, die die **gleiche** Untereinheit haben. Das bedeutet, du kannst beispielsweise nur Quadratmeter mit Quadratmeter und Hektar mit Hektar addieren. Bei verschiedenen Untereinheiten musst du dich zuerst auf eine gemeinsame Untereinheit festlegen und alle Maßzahlen entsprechend umrechnen. Entweder gehst du auf die größte oder auf die kleinste Untereinheit, die in deiner Rechnung vorkommt.

- Wenn du dich für die **größte Untereinheit** entscheidest, musst du mit **Kommas** rechnen, da die Maßzahlen der kleineren Untereinheiten dann alle ein Komma haben.
- Wenn du dich für die **kleinste Untereinheit** entscheidest, hast du kein Komma, allerdings werden deine **Maßzahlen größer**, da die kleineren Untereinheiten ein Vielfaches der größeren Untereinheiten darstellen.

Kleiner Tipp: Wenn du mehrere verschiedene Untereinheiten in einer Rechnung hast, kannst du auch auf die Untereinheit gehen, die am häufigsten vorkommt. So musst du am wenigsten umrechnen.

6.1. Addition von Flächeneinheiten

Das Wort Addition stammt von dem lateinischen Wort »addere« und bedeutet »hinzufügen«. Du fügst zu einer Zahl eine oder mehrere Zahlen hinzu. Die einzelnen Zahlen bei einer Addition werden Summanden genannt, das Ergebnis ist die Summe. Dabei spielt es keine Rolle, ob du gewöhnliche Zahlen addierst oder ob es sich um Größen handelt. Die Vorgehensweise ist wie bei der gewöhnlichen Addition.

Addition von gleichen Untereinheiten

Bevor du mit der Addition beginnst, müssen alle Untereinheiten in der Rechnung **gleich** sein. Sind die Untereinheiten bereits gleich, gehst du so vor, wie du es bei der Addition von Zahlen gewöhnt bist: Du addierst alle Maßzahlen miteinander. Die gemeinsame Untereinheit wird beibehalten. Die Summe aus zwei oder mehreren Größen ist wieder eine Größe.

Hier ein kleines Beispiel: Familie Hauke besitzt ein Gartengrundstück mit 4 a. Der Nachbar bietet sein Grundstück mit 3 a zum Verkauf an. Wie groß wäre dann das Gartengrundstück, wenn Familie Hauke es kaufen würde?

Beide Untereinheiten sind gleich, also addierst du die beiden Maßzahlen: 4 + 3 = 7. Die gemeinsame Untereinheit hängst du anschließend wieder hinten an: 7 a. Die beiden Grundstücke sind zusammen 7 a groß.

So addierst du gleiche Untereinheiten	So sieht es aus
Du sollst diese Flächen addieren:	4 a + 3 a
1. Du hast zweimal die gleiche Untereinheit: **a** (Ar).	4 a + 3 a
2. Addiere zuerst die beiden Maßzahlen: **4 + 3 = 7**.	4 a + 3 a = 7
3. Die gemeinsame Untereinheit (**a**) wird beibehalten. Hänge sie wieder hinten an.	4 a + 3 a = 7 a
🏁 Das Ergebnis lautet 7 a.	7 a

Bei der Addition von Größen mit gleichen Untereinheiten addierst du alle Maßzahlen miteinander. Die gemeinsame Untereinheit wird beibehalten. Die Summe aus zwei oder mehreren Größen ist wieder eine Größe.

Addition von verschiedenen Untereinheiten

Du hast aber nicht immer das Glück, dass die Einheiten gleich sind. In diesem Fall musst du dich zuerst auf eine gemeinsame Untereinheit festlegen und alle Maßzahlen entsprechend umrechnen. Entweder wählst du die größte oder die kleinste Untereinheit, die in der Rechnung vorkommt. Sind die Untereinheiten dann gleich, gehst du

so vor, wie du es bei der Addition von Zahlen gewöhnt bist: Du addierst alle Maßzahlen miteinander. Die gemeinsame Untereinheit wird beibehalten. Die Summe aus zwei oder mehreren Größen ist wieder eine Größe.

Hier ein kleines Beispiel: In einem Neubaugebiet sind bereits 0,44 km² bebaut. Auf 21 ha stehen noch keine Häuser. Die Straßen und Wege zwischen den Grundstücken nehmen eine Fläche von 120 a ein. Wie groß ist das Wohngebiet?

Alle in dieser Rechnung vorkommenden Untereinheiten sind unterschiedlich (Quadrat-kilometer, Hektar und Ar), daher musst du dich zuerst auf eine gemeinsame Unterein-heit festlegen und die anderen Größen umrechnen. Hier bietet es sich an, mit der Ein-heit Hektar (ha) zu rechnen, da die Maßzahlen nicht unnötig groß werden.

Die erste Größe (bebaute Fläche) ist in Quadratkilometer (km²), bis zu Hektar ist es eine Untereinheit. Die Maßzahl wird daher einmal mit 100 multipliziert: 0,44 km² (· 100) = 44 ha. Die zweite Größe (unbebaute Fläche) ist bereits in Hektar. Die dritte Größe (Straßen und Wege) ist in Ar (a). Hektar ist die nächstgrößere Untereinheit, daher wird die Maßzahl einmal durch 100 dividiert: 120 a (: 100) = 1,2 ha. Jetzt sind die Untereinheiten gleich, daher zählst du die Maßzahlen zusammen (44 + 21 + 1,2 = 66,2) und hängst die gemeinsame Untereinheit anschließend wieder hinten an: 66,2 ha. Das Neubaugebiet ist 66,2 ha groß.

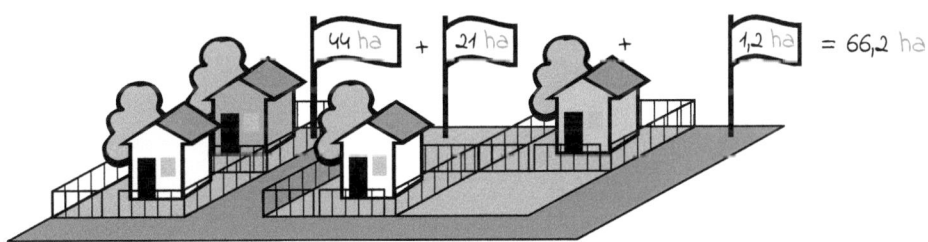

So addierst du verschiedene Untereinheiten	So sieht es aus
Du sollst diese Flächen addieren:	0,44km²+21ha+120a
1. Du hast drei verschiedene Untereinheiten: km² (Quadratkilometer), ha (Hektar) und a (Ar). Als ge-meinsame Untereinheit bietet sich Hektar an.	0,44km²+21ha+120a

So addierst du verschiedene Untereinheiten		So sieht es aus
2.	Du musst die erste Größe (bebaute Fläche) umrechnen. Da du auf die nächst kleinere Untereinheiten rechnest (von km² auf ha), musst du einmal mit 100 multiplizieren (↓): **0,44 km² (· 100) = 44 ha**.	`km²→ha  (1km²=100ha)` `0,44km(·100)=44ha`
3.	Du musst auch die dritte Größe (Straßen und Wege) umrechnen. Da du auf eine größere Untereinheit rechnest (von a auf ha), musst du einmal durch 100 dividieren (↑): **120 a (: 100) = 1,2 ha**.	`a→ha  (1a=0,01ha)` `120a(:100)=1,2ha`
4.	Alle Größen haben jetzt die gleiche Untereinheit (ha) und du kannst mit der Addition beginnen.	`44ha+21ha+1,2ha`
5.	Addiere zuerst die Maßzahlen: **44 + 21 + 1,2 = 66,2.**	`44ha+21ha+1,2ha` `=66,2`
6.	Die gemeinsame Untereinheit (ha) wird beibehalten. Hänge sie wieder hinten an.	`44ha+21ha+1,2ha` `=66,2ha`
🏁	Das Ergebnis lautet 66,2 ha.	`66,2ha`

Bei der Addition von Größen mit verschiedenen Untereinheiten musst du dich zuerst auf eine gemeinsame Untereinheit festlegen. Addiere anschließend alle Maßzahlen miteinander, die gemeinsame Untereinheit wird beibehalten. Die Summe aus zwei oder mehreren Größen ist wieder eine Größe.

6.2. Subtraktion von Flächeneinheiten

Das Wort Subtraktion stammt aus dem Lateinischen und bedeutet »abziehen«. Du ziehst von einer meist größeren Zahl eine oder mehrere kleinere Zahlen ab. Die erste Zahl bei einer Subtraktion wird Minuend, die zweite Zahl Subtrahend genannt, das Ergebnis ist die Differenz. Dabei spielt es keine Rolle, ob du gewöhnliche Zahlen subtrahierst oder ob es sich um Größen handelt. Die Vorgehensweise ist wie bei der gewöhnlichen Subtraktion.

Subtraktion

$7 - 4 = 3$

Subtraktion von gleichen Untereinheiten

Bevor du mit der Subtraktion beginnst, müssen alle Untereinheiten in der Rechnung gleich sein. Sind die Untereinheiten bereits gleich, gehst du so vor, wie du es bei der Subtraktion von Zahlen gewöhnt

bist: Du subtrahierst alle Maßzahlen. Die gemeinsame Untereinheit wird beibehalten. Die Differenz aus zwei oder mehreren Größen ist wieder eine Größe.

Hier ein kleines Beispiel: Eine Rolle Tapete enthält 5 m². Julia hat von dieser Rolle bereits 1,5 m² abgeschritten. Für wie viele Quadratmeter reicht diese Rolle noch?

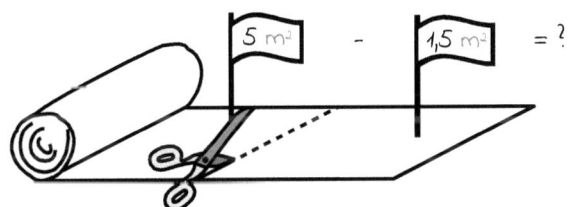

Du hast bei dieser Subtraktion nur eine Untereinheit (Quadratmeter). Daher subtrahierst du die beiden Maßzahlen (5 − 1,5 = 3,5) und hängst die gemeinsame Untereinheit anschließend wieder hinten an: 3,5 m². Diese Rolle reicht noch für 3,5 m².

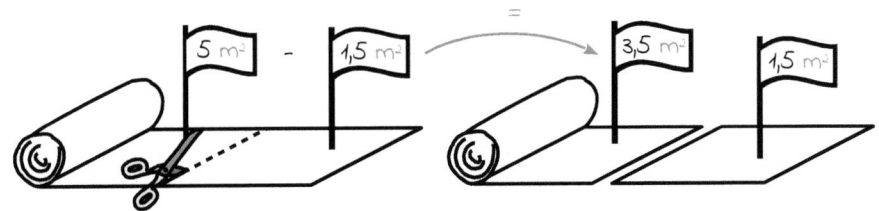

So subtrahierst du gleiche Untereinheiten	So sieht es aus
Du sollst diese Flächen subtrahieren:	$5m^2 - 1,5m^2$
1. Du hast zweimal die gleiche Untereinheit: m² (Quadratmeter).	$5m^2 - 1,5m^2$
2. Du subtrahierst die beiden Zahlen: **5 − 1,5 = 3,5**.	$5m^2 - 1,5m^2$ $= 3,5$
3. Die gemeinsame Untereinheit (m²) wird beibehalten. Hänge sie wieder hinten an.	$5m^2 - 1,5m^2$ $= 3,5m^2$
🏁 Das Ergebnis lautet 3,5 m².	$3,5m^2$

> Bei der Subtraktion von Größen mit gleichen Untereinheiten subtrahierst du alle Maßzahlen voneinander. Die gemeinsame Untereinheit wird beibehalten. Die Differenz aus zwei oder mehreren Größen ist wieder eine Größe.

Subtraktion von verschiedenen Untereinheiten

Du hast aber nicht immer das Glück, dass die Untereinheiten gleich sind. In diesem Fall musst du dich zuerst auf eine gemeinsame Untereinheit festlegen und alle Maßzahlen entsprechend umrechnen. Entweder wählst du die größte, die kleinste oder die am häufigsten in deiner Rechnung vorkommende Untereinheit. Sind die Untereinheiten dann gleich, gehst du so vor, wie du es bei der Subtraktion von Zahlen gewöhnt bist: Du subtrahierst alle Maßzahlen. Die gemeinsame Untereinheit wird beibehalten. Die Differenz aus zwei oder mehreren Größen ist wieder eine Größe.

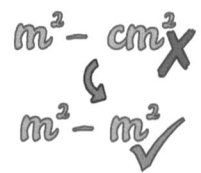

Hier ein kleines Beispiel: Ein Bauer hat einen Grundbesitz von 0,55 km². Davon sind 21 ha Ackerfläche, 18 ha sind Waldfläche. Wie groß ist die restliche Wiesenfläche?

$0,55 \text{ km}^2 - 21 \text{ ha} - 18 \text{ ha} = ?$

Die Untereinheiten sind unterschiedlich, daher musst du dich zuerst auf eine gemeinsame Untereinheit festlegen und die anderen Größen entsprechend umrechnen. Hier bietet es sich an, auf Hektar (ha) zu rechnen, da du diese Einheit zwei mal in der Rechnung hast. So musst du nur eine Größe umrechnen.

Die erste Größe (Grundstück) ist in Quadratkilometer (km²), bis zu Hektar ist es eine Untereinheit. Die Maßzahl wird daher einmal mit 100 multipliziert: 0,55 km² (· 100) = 55 ha. Die zweite Größe (Ackerfläche) ist bereits in Hektar (ha). Die dritte Größe (Waldfläche) ist auch bereits in Hektar (ha). Jetzt sind die Untereinheiten gleich, daher subtrahierst du die Maßzahlen (55 – 21 – 18 = 16) und hängst die Maßeinheit anschließend wieder hinten an: 16 ha. Die Wiesenfläche ist 16 ha groß.

$55 \text{ ha} - 21 \text{ ha} - 18 \text{ ha} = 16 \text{ ha}$

So subtrahierst du verschiedene Untereinheiten	So sieht es aus
Du sollst diese Flächen subtrahieren:	$0,55\text{km}^2 - 21\text{ha} - 18\text{ha}$
1. Du hast verschiedene Untereinheiten: km² (Quadratkilometer) und ha (Hektar). Als gemeinsame Einheit bietet sich Hektar an.	$0,55\text{km}^2 - 21\text{ha} - 18\text{ha}$

So subtrahierst du verschiedene Untereinheiten		So sieht es aus
2.	Du musst die erste Größe (Grundstück) umrechnen. Da du auf eine kleinere Untereinheit rechnest (von km² auf ha), musst du einmal mit 100 multiplizieren (↓): **0,55 km² (· 100) = 55 ha**.	km²→ha (1km²=100ha) 0,55km(·100)=55ha
3.	Alle Größen haben jetzt die gleiche Untereinheit (**ha**) und du kannst mit der Subtraktion starten.	55ha-21ha-18ha
4.	Subtrahiere zuerst die Maßzahlen: **55 − 21 − 18 = 16**.	55ha-21ha-18ha =16
5.	Die gemeinsame Untereinheit (**ha**) wird beibehalten. Hänge sie wieder hinten an.	55ha-21ha-18ha =16ha
🏁	Das Ergebnis lautet 16 ha.	16ha

Bei der Subtraktion von Größen mit verschiedenen Untereinheiten musst du dich zuerst auf eine gemeinsame Untereinheit festlegen. Subtrahiere anschließend alle Maßzahlen miteinander, die gemeinsame Untereinheit wird beibehalten. Die Differenz aus zwei oder mehreren Größen ist wieder eine Größe.

6.3. Multiplikation von Flächeneinheiten

Das Wort Multiplikation stammt von dem lateinischen Wort »multiplicare« und bedeutet »vervielfachen«. Du vervielfachst eine Zahl um eine andere. Die erste Zahl ist der Multiplikator und gibt an, wie oft der Multiplikand (die zweite Zahl) mal genommen wird. Das Ergebnis wird Produkt genannt. Dabei spielt es keine Rolle, ob du gewöhnliche Zahlen multiplizierst oder ob es sich um Größen handelt. Die Vorgehensweise ist wie bei der gewöhnlichen Multiplikation.

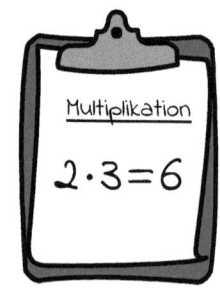

Multiplikation

$2 \cdot 3 = 6$

Multiplikation mit einer Zahl

Die Vorgehensweise bei der Multiplikation von einer Flächeneinheit mit einer Zahl ist sehr einfach. Da du nur eine Untereinheit hast, musst du nicht zuerst eine gemeinsame Untereinheit suchen und dann umrechnen. Du kannst gleich mit der Multiplikation starten. Multipliziere einfach die Zahl mit der Maßzahl. Die Untereinheit hängst du anschließend wieder hinten an. Das Produkt aus einer Zahl und einer Größe ist wieder eine Größe.

Hier ein kleines Beispiel: Marias Oma hat in ihrem Garten drei Beete mit Erdbeeren, Karotten und Tomaten, die jeweils 8 m² groß sind. Wie viele Quadratmeter muss sie im Herbst umgraben?

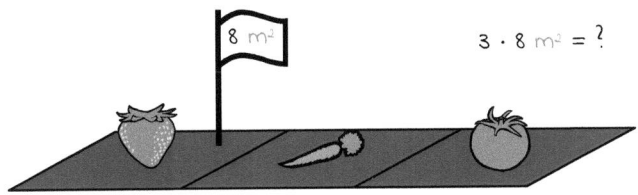

Du hast bei dieser Multiplikation nur eine Einheit (Quadratmeter). Daher multiplizierst du die Zahl mit der Maßzahl (3 · 8 = 24) und hängst die Untereinheit anschließend wieder hinten an: 24 m². Marias Oma muss 24 m² umgraben.

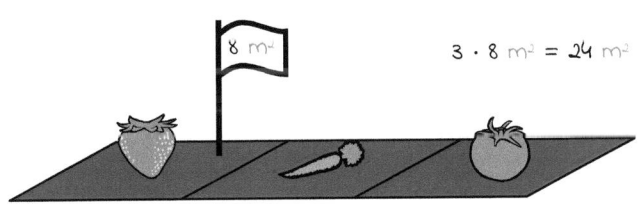

So multiplizierst du eine Zahl mit einer Flächeneinheit	So sieht es aus
Du sollst diese Fläche multiplizieren:	$3 \cdot 8 m^2$
1. Du hast nur eine Untereinheit: m² (Quadratmeter).	$3 \cdot 8 m^2$
2. Multipliziere die Zahl mit der Maßzahl: 3 · 8 = 24.	$3 \cdot 8 m^2$ $= 24$

So multiplizierst du eine Zahl mit einer Flächeneinheit		So sieht es aus
3.	Die gemeinsame Untereinheit (m²) wird beibehalten. Hänge sie wieder hinten an.	$3 \cdot 8\,m^2$ $= 24\,m^2$
	Das Ergebnis lautet 24 m².	$24\,m^2$

> Bei der Multiplikation von einer Größe mit einer Zahl multiplizierst du die Maßzahl mit der Zahl und hängst die Untereinheit anschließend wieder an. Das Produkt aus einer Größe und einer Zahl ist wieder eine Größe.

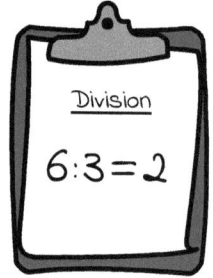

6.4. Division von Flächeneinheiten

Das Wort Division stammt von dem lateinischen Wort »divisio« und bedeutet »teilen«. Du teilst eine Zahl durch eine andere Zahl. Die erste Zahl ist der Dividend und wird entsprechend dem Divisor (die zweite Zahl) geteilt. Das Ergebnis wird Quotient genannt. Dabei spielt es keine Rolle, ob du gewöhnliche Zahlen dividierst oder ob es sich um Größen handelt. Die Vorgehensweise ist wie bei der gewöhnlichen Division.

Division durch eine Zahl

Die Vorgehensweise bei der Division von einer Flächeneinheit durch eine Zahl ist sehr einfach. Da du nur eine Untereinheit hast, musst du nicht zuerst eine gemeinsame Untereinheit suchen und dann umrechnen. Du kannst gleich mit der Division starten. Dividiere einfach die Maßzahl durch die Zahl. Die Untereinheit hängst du anschließend wieder hinten an. Der Quotient aus einer Zahl und einer Größe ist wieder eine Größe.

Hier ein kleines Beispiel: Die Stadtverwaltung möchte ein 12 a großes Grundstück in vier gleich große Bauplätze aufteilen. Wie groß wird ein Grundstück?

$12 \, a : 4 = \,?$

Du hast bei dieser Division nur eine Untereinheit (Ar). Daher dividierst du die Maßzahl durch die Zahl (12 : 4 = 3). Die einzige Untereinheit (a) wird beibehalten. Hänge sie wieder hinten an: 3 a. Jedes Grundstück wird 3 a groß.

$12 \, a : 4 = 3 \, a$

So dividierst du eine Untereinheit durch eine Zahl	So sieht es aus
Du sollst diese Flächen dividieren:	12 a : 4
1. Du hast nur eine Untereinheit: a (Ar).	12 a : 4
2. Dividiere die Maßzahl durch die Zahl: 12 : 4 = 3.	12 a : 4 = 3
3. Die einzige Untereinheit (a) wird beibehalten. Hänge sie wieder hinten an.	12 a : 4 = 3 a
🏁 Das Ergebnis lautet 3 a.	3 a

Bei der Division von einer Größe durch eine Zahl dividierst du die Maßzahl durch die Zahl und hängst die Maßeinheit anschließend wieder an. Der Quotient aus einer Größe und einer Zahl ist wieder eine Größe.

Division von zwei Untereinheiten

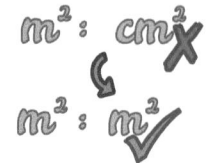

Bevor du mit der Division beginnst, müssen alle Untereinheiten in der Rechnung **gleich** sein. Sind die Untereinheiten verschieden, so musst du dich zuerst auf eine gemeinsame Untereinheit festlegen und alle anderen Größen entsprechend umrechnen. Sind die Untereinheiten gleich, gehst du so vor, wie du es bei der Division von Zahlen gewöhnt bist: Du dividierst zuerst alle Maßzahlen miteinander. Die gleiche Untereinheit wird ebenfalls dividiert, hebt sich dabei auf und fällt dadurch weg. Sie fällt aber nicht einfach so weg, sondern sie wird zu eins. Schaue dir dazu einmal diese Division 3 : 3 an: Das Ergebnis ist hier eins (1). Genau so ist es, wenn du eine Größe durch sich selbst teilst, $m^2 : m^2$ ergibt ebenfalls eins (1). Und eine Multiplikation mit 1 hat keine wertmäßige Auswirkung auf die Rechnung. Der Quotient aus zwei Größen ist daher eine Zahl ohne Einheit.

Hier ein kleines Beispiel: Tanjas Vater möchte das Gartenhaus neu streichen. Das Gartenhaus hat eine zu streichende Fläche von 0,54 a. Ein Farbeimer reicht für etwa 18 m^2. Wie viele Farbeimer benötigt er?

Du hast bei dieser Division zwei verschiedene Untereinheiten (Ar und Quadratmeter), daher musst du dich zuerst auf eine gemeinsame Untereinheit festlegen und die andere Größe entsprechend umrechnen. Hier bietet es sich an, auf die kleinste Untereinheit zu rechnen, dadurch hast du kein Komma. Die kleinste Untereinheit in dieser Rechnung ist Quadratmeter (m^2).

Die erste Größe (zu streichende Fläche) ist Ar (a), bis zu Quadratmeter ist es eine Untereinheit. Die Maßzahl wird daher einmal mit 100 multipliziert: 0,54 a ($\cdot$ 100) = 54 m^2. Die zweite Größe (Inhalt eines Farbeimers) ist bereits in Quadratmeter. Jetzt sind die Untereinheiten gleich, daher dividierst du die Maßzahlen (54 : 18 = 3). Als nächstes dividierst du die Untereinheit durch die gleiche Untereinheit. Sie hebt sich dabei auf, da diese Division 1 ergibt ($m^2 : m^2 = 1$). Diese 1 mit der 3 multipliziert ergibt 3, das Ergebnis ist daher eine reine Zahl ohne Einheit. Er benötigt 3 Farbeimer.

$54\,m^2 : 18\,m^2 = 3$

So dividierst du zwei Größen	So sieht es aus
Du sollst diese Flächen dividieren:	$0,54\,a : 18\,m^2$
1. Du hast verschiedene Untereinheiten: **a** (Ar) und **m²** (Quadratmeter). Als gemeinsame Einheit bietet sich Quadratmeter an.	$0,54\,a : 18\,m^2$
2. Du musst die erste Größe (Fläche) umrechnen. Da du auf eine kleinere Untereinheit rechnest (von a auf m²), musst du einmal mit 100 multiplizieren ($\downarrow$): **0,54 a (· 100) = 54 m²**.	$a \rightarrow m^2$ ($1\,a = 100\,m^2$) $0,54\,a\,(\cdot 100) = 54\,m^2$
3. Alle Größen haben jetzt die gleiche Untereinheit (m²) und du kannst mit der Division starten.	$54\,m^2 : 18\,m^2$
4. Dividiere zuerst die beiden Maßzahlen: **54 : 18 = 3**.	$54\,m^2 : 18\,m^2$ $= 3$
5. Dividiere anschließend die gemeinsame Untereinheit: **m² : m² = 1**. Die Division der Untereinheiten ergibt als Ergebnis 1 und sie heben sich somit auf. Da 3 · 1 = 3 ist, lautet das Ergebnis 3.	$54\,m^2 : 18\,m^2$ $= 3\,m^2 : m^2$ $= 3 \cdot 1$ $= 3$
🏁 Das Ergebnis lautet 3.	3

Bei der Division von einer Größe durch eine Größe dividierst du alle Maßzahlen miteinander. Die gemeinsame Untereinheit hebt sich auf und fällt dadurch weg. Der Quotient aus zwei Größen ist eine Zahl (ohne Einheit).

7. Übungsaufgaben

> Nachdem du nun die Grundlagen der Flächeneinheiten gelernt hast, ist es an der Zeit, dein neues Wissen anzuwenden. Hier findest du viele Übungsaufgaben, bei denen du ausgiebig üben kannst. Denke daran, dass der Umrechnungsfaktor bei Flächeneinheiten 100 beträgt.

Übungen zu „Vorsätze für Flächeneinheiten"

→ die Lösungen stehen ab Seite 59

1. Wie heißt die nächstkleinere Flächeneinheit?

a) Quadratmeter =

b) Quadratzentimeter =

c) Quadratkilometer =

d) Ar =

e) Quadratdezimeter =

f) Hektar =

2. Wie heißt die nächstgrößere Flächeneinheit?

a) Quadratmeter =

b) Quadratdezimeter =

c) Quadratmillimeter =

d) Hektar =

e) Quadratzentimeter =

f) Ar =

3. Wie viel bedeutet der Vorsatz?

a) Kilo =

b) Dezi =

c) Milli =

d) Hekto =

e) Zenti =

f) Deka =

4. Ordne den Flächeneinheiten die richtige Abkürzung zu:

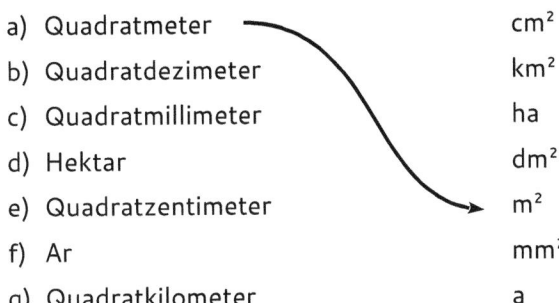

a) Quadratmeter   cm²

b) Quadratdezimeter   km²

c) Quadratmillimeter   ha

d) Hektar   dm²

e) Quadratzentimeter   m²

f) Ar   mm²

g) Quadratkilometer   a

Übungen zu „Vorsätze für Teile eines Quadratmeters"

→ die Lösungen stehen ab Seite 60

5. Rechne diese Flächen in Quadratdezimeter (dm²) um:

a) 32 m²	b) 5 cm²	c) 28 m²
d) 19 mm²	e) 34 m²	f) 23 mm²
g) 8 m²	h) 13 mm²	i) 6 cm²
j) 26 cm²	k) 32 mm²	l) 10 m²

6. Rechne diese Flächen in Quadratzentimeter (cm²) um:

a) 12 mm²	b) 5 mm²	c) 7 mm²
d) 20 dm²	e) 16 dm²	f) 23 dm²
g) 18 m²	h) 11 mm²	i) 16 mm²
j) 19 dm²	k) 12 dm²	l) 9 m²

7. Rechne diese Flächen in Quadratmillimeter (mm²) um:

a) 20 cm²	b) 19 cm²	c) 21 dm²
d) 6 m²	e) 7 m²	f) 17 dm²
g) 13 dm²	h) 22 m²	i) 20 dm²
j) 8 m²	k) 18 cm²	l) 6 cm²

Übungen zu „Vorsätze für ein vielfaches eines Quadratmeters"

→ die Lösungen stehen ab Seite 61

8. Rechne diese Flächen in Quadratmeter (m²) um:

   a) 36 km²   b) 41 km²   c) 52 a

   d) 7 km²   e) 13 km²   f) 44 ha

   g) 39 a   h) 23 a   i) 9 km²

   j) 51 ha   k) 33 ha   l) 30 km²

9. Rechne diese Flächen in Ar (a) um:

   a) 48 ha   b) 35 km²   c) 47 ha

   d) 53 m²   e) 9 ha   f) 13 ha

   g) 45 m²   h) 28 km²   i) 45 ha

   j) 13 m²   k) 20 km²   l) 16 m²

10. Rechne diese Flächen in Hektar (ha) um:

   a) 47 km²   b) 16 m²   c) 20 a

   d) 20 m²   e) 29 km²   f) 48 km²

   g) 6 km²   h) 18 a   i) 24 a

   j) 47 m²   k) 35 m²   l) 61 m²

11. Rechne diese Flächen in Quadratkilometer (km²) um:

   a) 43 ha   b) 12 m²   c) 13 m²

   d) 41 a   e) 23 ha   f) 5 ha

   g) 68 m²   h) 55 a   i) 17 ha

   j) 71 ha   k) 52 ha   l) 69 m²

mathetreff-online

Übungen zu „Zwischen den Untereinheiten umrechnen"

→ die Lösungen stehen ab Seite 62

12. Rechne diese Flächen in Quadratkilometer (km²) um:

a) 75 m²

b) 42 dm²

c) 34 cm²

d) 91 ha

e) 17 m²

f) 66 m²

g) 28 cm²

h) 62 a

i) 94 a

j) 85 a

k) 55 mm²

l) 59 ha

13. Rechne diese Flächen in Hektar (ha) um:

a) 98 dm²

b) 78 cm²

c) 10 a

d) 89 mm²

e) 17 cm²

f) 73 m²

g) 18 m²

h) 52 dm²

i) 63 a

j) 58 dm²

k) 12 dm²

l) 90 km²

14. Rechne diese Flächen in Ar (a) um:

a) 15 km²

b) 75 ha

c) 12 mm²

d) 61 ha

e) 19 km²

f) 85 km²

g) 11 cm²

h) 62 cm²

i) 68 ha

j) 5 cm²

k) 10 mm²

l) 91 ha

15. Rechne diese Flächen in Quadratmeter (m²) um:

a) 52 ha

b) 63 cm²

c) 36 ha

d) 15 a

e) 12 dm²

f) 13 km²

g) 12 km²

h) 26 km²

i) 11 cm²

j) 16 mm²

k) 15 mm²

l) 16 dm²

16. Rechne diese Flächen in Quadratdezimeter (dm²) um:

a) 42 cm²

b) 38 cm²

c) 47 m²

d) 3 a

e) 35 ha

f) 59 cm²

g) 55 a

h) 41 cm²

i) 34 ha

j) 7 km²

k) 91 km²

l) 54 mm²

17. Rechne diese Flächen in Quadratzentimeter (cm²) um:

a) 66 a

b) 93 mm²

c) 10 m²

d) 10 ha

e) 5 mm²

f) 64 km²

g) 44 m²

h) 38 a

i) 42 mm²

j) 76 dm²

k) 99 dm²

l) 14 km²

18. Rechne diese Flächen in Quadratmillimeter (mm²) um:

a) 15 m²

b) 89 cm²

c) 13 ha

d) 91 km²

e) 12 m²

f) 12 km²

g) 11 cm²

h) 15 ha

i) 10 m²

j) 56 m²

k) 14 ha

l) 69 ha

Übungen zu „Addition von Flächeneinheiten"

→ die Lösungen stehen ab Seite 65

19. Addiere diese Flächen und wandle in die größte Einheit um:

a) 5 m² + 68 dm² =

b) 6 a + 109 m² =

c) 2 dm² + 282 cm² =

d) 5 m² + 215 dm² =

e) 6 dm² + 213 cm² =

f) 4 m² + 245 dm² =

g) 7 a + 164 m² =

h) 2 m² + 57 dm² =

i) 4 dm² + 312 cm² =

j) 7 a + 357 m² =

k) 3 km² + 65 ha =

l) 4 cm² + 156 mm² =

20. Addiere diese Flächen und wandle in die kleinste Einheit um:

a) 8 ha + 188 a =

b) 3 km² + 356 ha =

c) 5 km² + 145 ha =

d) 8 m² + 15 dm² =

e) 4 ha + 377 a =

f) 5 a + 260 m² =

g) 2 m² + 125 dm² =

h) 7 dm² + 118 cm² =

i) 2 cm² + 289 mm² =

j) 6 cm² + 264 mm² =

k) 4 ha + 350 a =

l) 8 dm² + 253 cm² =

21. Addiere diese Flächen und wandle in die kleinste Einheit um:

a) 8 m² + 38 cm² + 11 dm² =   b) 7 dm² + 37 mm² + 33 cm² =

c) 8 a + 75 dm² + 45 m² =   d) 6 dm² + 62 mm² + 11 cm² =

e) 4 km² + 92 a + 11 ha =   f) 8 ha + 82 m² + 45 a =

g) 8 km² + 30 a + 45 ha =   h) 2 m² + 88 cm² + 51 dm² =

i) 6 ha + 69 m² + 66 a =   j) 7 dm² + 29 mm² + 18 cm² =

k) 4 m² + 26 cm² + 16 dm² =   l) 8 km² + 63 a + 67 ha =

22. Addiere diese Flächen und wandle in eine sinnvolle Einheit um:

a) 3 m² + 45 dm² + 32 cm² + 8 dm² =

b) 6 dm² + 54 cm² + 61 mm² + 3 cm² =

c) 3 a + 84 m² + 64 dm² + 10 m² =

d) 2 a + 31 m² + 13 dm² + 20 m² =

e) 6 a + 72 m² + 56 dm² + 20 m² =

f) 6 dm² + 58 cm² + 19 mm² + 5 cm² =

g) 7 m² + 64 dm² + 47 cm² + 28 dm² =

h) 2 dm² + 28 cm² + 52 mm² + 25 cm² =

i) 2 m² + 96 dm² + 22 cm² + 9 dm² =

j) 6 ha + 39 a + 67 m² + 2 a =

k) 6 km² + 77 ha + 32 a + 8 ha =

l) 6 dm² + 22 cm² + 42 mm² + 20 cm² =

Übungen zu „Subtraktion von Flächeneinheiten"
→ die Lösungen stehen ab Seite 67

23. Subtrahiere diese Flächen und wandle in die kleinste Einheit um:

a) 17 km² – 134 ha =   b) 4 km² – 20 ha =

c) 3 a – 80 m² =   d) 29 a – 135 m² =

e) 4 m² – 54 dm² =   f) 13 m² – 12 dm² =

g) 35 km² – 44 ha =   h) 36 m² – 129 dm² =

i) 30 m² – 20 dm² =   j) 32 m² – 34 dm² =

k) 3 a – 92 m² =   l) 29 dm² – 79 cm² =

24. Subtrahiere diese Flächen und wandle in die größte Einheit um:

a) 9 cm² – 66 mm² =

b) 27 m² – 131 dm² =

c) 23 dm² – 41 cm² =

d) 29 a – 87 m² =

e) 33 cm² – 70 mm² =

f) 2 ha – 58 a =

g) 4 ha – 41 a =

h) 21 cm² – 81 mm² =

i) 22 a – 100 m² =

j) 10 m² – 132 dm² =

k) 9 dm² – 108 cm² =

l) 21 ha – 112 a =

25. Subtrahiere diese Flächen und wandle in die kleinste Einheit um:

a) 9 ha – 88 m² – 52 a =

b) 22 m² – 88 cm² – 113 dm² =

c) 24 m² – 74 cm² – 37 dm² =

d) 8 km² – 39 a – 68 ha =

e) 17 a – 19 dm² – 67 m² =

f) 3 km² – 16 a – 62 ha =

g) 4 ha – 31 m² – 85 a =

h) 12 dm² – 76 mm² – 99 cm² =

i) 8 km² – 58 a – 22 ha =

j) 33 km² – 41 a – 35 ha =

k) 12 a – 27 dm² – 13 m² =

l) 6 a – 28 dm² – 21 m² =

26. Subtrahiere diese Flächen und wandle in eine sinnvolle Einheit um:

a) 4 a – 58 m² – 111 dm² – 5 m² =

b) 30 ha – 86 a – 33 m² – 20 a =

c) 15 dm² – 33 cm² – 15 mm² – 28 cm² =

d) 24 a – 55 m² – 98 dm² – 13 m² =

e) 30 a – 98 m² – 101 dm² – 14 m² =

f) 33 ha – 80 a – 43 m² – 26 a =

g) 38 m² – 54 dm² – 127 cm² – 30 dm² =

h) 37 km² – 63 ha – 132 a – 20 ha =

i) 3 a – 54 m² – 85 dm² – 2 m² =

j) 15 km² – 23 ha – 70 a – 28 ha =

k) 15 km² – 80 ha – 137 a – 18 ha =

l) 17 m² – 14 dm² – 55 cm² – 13 dm² =

mathetreff-online

Übungen zu „Multiplikation von Flächeneinheiten"

→ die Lösungen stehen ab Seite 68

27. Multipliziere diese Flächen:

a) $6 \cdot 2$ cm² =

b) $13 \cdot 10$ a =

c) $5 \cdot 7$ a =

d) $3 \cdot 3$ m² =

e) $10 \cdot 8$ ha =

f) $7 \cdot 7$ m² =

g) $12 \cdot 10$ m² =

h) $9 \cdot 9$ dm² =

i) $2 \cdot 13$ dm² =

j) $2 \cdot 7$ ha =

k) $8 \cdot 9$ dm² =

l) $5 \cdot 11$ mm² =

28. Multipliziere diese Flächen und gib das Ergebnis in der größtmöglichen Einheit an:

a) $15 \cdot 21$ m² =

b) $10 \cdot 10$ dm² =

c) $5 \cdot 29$ dm² =

d) $10 \cdot 20$ a =

e) $3 \cdot 25$ cm² =

f) $18 \cdot 9$ cm² =

g) $2 \cdot 10$ mm² =

h) $26 \cdot 18$ a =

i) $15 \cdot 19$ a =

j) $26 \cdot 7$ m² =

k) $14 \cdot 16$ mm² =

l) $19 \cdot 14$ a =

Übungen zu „Division von Flächeneinheiten"

→ die Lösungen stehen ab Seite 69

29. Dividiere diese Flächen:

a) 45 ha : 3 =

b) 28 a : 7 =

c) 306 ha : 18 =

d) 225 mm² : 15 =

e) 68 mm² : 4 =

f) 102 cm² : 17 =

g) 30 m² : 6 =

h) 96 m² : 6 =

i) 216 ha : 12 =

j) 240 m² : 16 =

k) 144 dm² : 16 =

l) 12 dm² : 3 =

30. Dividiere diese Flächen:

a) 85 cm² : 5 cm² =

b) 156 ha : 6 ha =

c) 483 ha : 21 ha =

d) 72 cm² : 6 cm² =

e) 56 a : 8 a =

f) 132 a : 22 a =

g) 90 mm² : 10 mm² =

h) 52 a : 26 a =

i) 66 a : 6 a =

j) 56 cm² : 8 cm² =

k) 408 mm² : 17 mm² =

l) 45 m² : 5 m² =

31. Dividiere diese Flächen:

a) 3,2 m² : 4 dm² =

b) 2,4 cm² : 6 mm² =

c) 17,5 m² : 25 dm² =

d) 6 km² : 15 ha =

e) 14 dm² : 20 cm² =

f) 11,7 km² : 13 ha =

g) 10,8 m² : 18 dm² =

h) 5,1 ha : 17 a =

i) 9 dm² : 15 cm² =

j) 11,2 dm² : 16 cm² =

k) 1,2 dm² : 2 cm² =

l) 2,8 a : 7 m² =

Textaufgaben

→ die Lösungen stehen ab Seite 70

> *Hinweis: Bei allen Aufgaben bleiben eventuell technisch notwendige Abstände wie Fugen, Überlappungen etc., Reservemengen oder Ränder unberücksichtigt.*

32. Löse die Textaufgaben:

a) Ein Dachdecker soll ein Mehrfamilienhaus neu eindecken. Die gesamte Dach-fläche beträgt 5 a. Für 1 m² benötigt er 14 Ziegel. Wie viele muss er bestellen?

b) Deutschland hat eine Fläche von 35.758.200 ha und ca. 83.000.000 Einwoh-ner. Bulgarien hat eine Fläche von 1.109.940.000 a und ca. 7.000.000 Ein-wohner. Wie viele Einwohner leben jeweils durchschnittlich auf 1 km²?

c) Ein Gartenzaun hat eine Fläche von 15 m² und soll von beiden Seiten gestri-chen werden. 1 Farbeimer reicht für 10 m² und kostet 25,50 €, eine Farbdose reicht für 6 m² und kostet 16,50 €. Welche Variante ist günstiger?

d) Ein Kästchen auf einem karierten Blatt Papier hat die Größe von 25 mm². Wie viele Kästchen befinden sich auf einer DIN-A4-Seite, die eine Fläche von 6,25 dm² hat?

mathetreff-online

e) Eine CD hat einen Durchmesser von 12 cm, damit ergibt sich eine Fläche von 1,13 dm². Der Bereich um das Loch hat eine Fläche von 1.590 mm². Berechne die glänzende Fläche einer CD, auf der die Daten gespeichert werden können.

f) Auf einem 0,714 ha großen Fußballfeld soll neuer Rasen ausgesät werden. Die empfohlene Saatmenge sind 25 g/m². Wie viele Säcke mit je 20 kg Samen werden benötigt?

g) Die Fläche eines einzelnen Blattes Klopapier beträgt 135 cm². Welche Fläche (in m²) kannst du damit auslegen, wenn auf einer Rolle 250 Blatt sind?

h) Ein quadratisches Zimmer soll neu tapeziert werden. Jede Wand hat eine Fläche von 11,25 m². Auf einer Tapetenrolle befinden sich 53.265 cm². Wie viele Rollen werden benötigt?

i) Martina möchte für ihre 4 Kissen im Wohnzimmer einen neuen Überzug nähen. Die Vorderseite jedes Kissen hat eine Fläche von 16 dm². Sie hat noch ca. 0,75 m² Stoff zu Hause. Reicht dieser oder muss sie welchen dazukaufen?

j) Eine einzelne Spielkarte hat die Fläche von 53,7 cm². Ein volles Kartenspiel hat 4 · 13 Karten. Wie viele volle Kartenspiele kann Saskia auf einen Tisch mit 1,12 m² legen?

k) Julia will mit ihren 3 Freundinnen zum Strand gehen. Jedes Strandtuch hat eine Fläche von 123,25 dm². Julia hat noch eine XXL-Stranddecke mit einer Fläche von 5,67 m². Auf welcher Alternative haben sie mehr Platz und wie viel? Gib das Ergebnis ohne Komma an.

l) Ein Papierbogen im Format A2 hat die Größe von 0,25 m². Durch Halbieren ergibt sich das nächstkleinere Papierformat. Welche Fläche (in cm²) hat ein Bogen Papier im Format A5?

33. Löse die Textaufgaben:

a) Eine 3–Zimmerwohnung hat folgende Zimmer: Küche (6,7 m²), Badezimmer (338 dm²), Flur (4,78 m²), Wohnzimmer (15,23 m²), Schlafzimmer (0,143 a) und Kinderzimmer (15,48 m²). Wie groß ist diese Wohnung?

b) Herr Schmidt benötigt 180 Natursteinfliesen mit einer Größe von 900 cm². Insgesamt würde er dafür 482,40 € bezahlen. Seine Frau findet Marmorfliesen jedoch schöner. Eine Marmorfliese hat eine Größe von 2.400 cm² und kostet 14,79 € pro Fliese. Was würde ihn der Marmorboden mehr kosten?

c) Die Fläche der langen Seite eines städtischen Schwimmbeckens beträgt 1 a, die der kurzen Seite 64 m², der Boden hat eine Fläche von 4 a. Eine Fliese hat die Fläche von 265,7 cm². Wie viele Fliesen werden benötigt?

d) Die Stadt Stuttgart erstreckt sich auf 207,35 km². Mit Gebäuden bebaut sind 6.219 ha, mit Straßen 3.055 ha. 4.972 ha sind Waldfläche, 47,36 km² Landwirtschafsfläche und 59.100 a sind sonstige Flächen wie Wasserflächen. Wie viele Hektar nehmen die Grünflächen ein?

e) Bäuerin Regina möchte auf ihrem 2,4 Hektar großen Feld Weizen aussäen. Ihre Sämaschine setzt 320 Körner pro m². 1.000 Weizenkörner wiegen 52 g. Wie viel Kilogramm Weizen muss sie in ihre Sämaschine füllen?

f) Die Erdoberfläche beträgt etwa 510.000.000 km². Die Landfläche besteht aus den Kontinenten Afrika (30.300.000 km²), Antarktis (13.200.000 km²), Asien (44.400.000 km²), Australien (8.500.000 km²), Europa (10.500.000 km²), Nordamerika (24.900.000 km²) und Südamerika (17.800.000 km²). Wie viele Male ist die Wasserfläche größer als die Mondoberfläche mit 37.900.000 km²?

g) Dieses Buch hat 76 Seiten. Jedes Blatt hat 374 cm². Wie viele Bücher können aus einer Rolle mit 1 Ar Papier hergestellt werden?

h) Julia möchte in ihrer Wohnung gerne einen neuen Holzboden verlegen. Der Flur hat eine Größe von 490 dm², das Wohnzimmer 15,3 m², das Schlafzimmer 0,143 a und das Kinderzimmer 15,5 m². Ihr Wunschparkett gibt es im 3,6 m²-Karton für 131,54 €. Ein Alternativparkett, das ihr auch gefallen würde, gibt es im 2,8 m²-Karton für 100,79 €. Was kosten beide Alternativen?

i) Maria möchte ihren quaderförmigen Wäschesammelkorb innen mit einem neuen Stoff beziehen. Der Boden hat eine Fläche von 1.225 cm², eine Seitenfläche hat 28 dm². Sie hat zu Hause ein altes Bettlaken (1,8 m²), das sie dafür gerne verwenden möchte. Wie groß ist das Reststück, wenn sie für den Deckel noch einmal 26,25 dm² benötigt?

j) Ein Saugroboter saugt 8,5 m² in 3 Minuten. Für das Wohnzimmer benötigt er 7,23 Minuten. Das Sofa nimmt 1,3 m² an Fläche ein, die beiden Sessel haben je 44,8 dm² Fläche. Der Tisch erstreckt sich auf 0,8 m², die Wohnwand auf 149 dm². Die Stehlampe nimmt 530 cm² ein. Wie groß ist das Wohnzimmer?

k) Tanjas Vater möchte an seinem Gartenhaus die Türe und Klappläden in rot neu streichen. Die Türe hat eine Fläche von 160 dm². Jedes der 3 Fenster hat eine Fläche von 6.400 cm² und 2 Klappläden, die er von beiden Seiten streichen will. Eine Farbdose reicht für 3 m². Wie viele Farbdosen muss er kaufen?

l) Julia möchte für ihre 2-jährige Tochter eine Jacke stricken. Laut der Anleitung werden 3 Wollknäuel mit jeweils 80 m benötigt. Die Maschenprobe (1 dm²) besteht aus 15 Maschen in 22 Reihen. Für 1 Masche werden 1,6 cm Wolle gebraucht. Welche Fläche hat die Jacke?

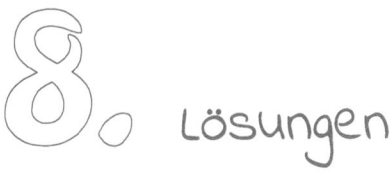

8. Lösungen

Die gezeigten Lösungen sind nur eine Variante – du kannst die Aufgaben auch anders lösen. Wichtig ist dabei nur, dass dein Ergebnis am Ende dem unserer Lösung entspricht.

Lösungen zu „Vorsätze für Flächeneinheiten" (Seite 48)

1. Wie heißt die nächstkleinere Flächeneinheit?

a) Quadratmeter = Quadratdezimeter

b) Quadratzentimeter = Quadratmillimeter

c) Quadratkilometer = Hektar

d) Ar = Quadratmeter

e) Quadratdezimeter = Quadratzentimeter

f) Hektar = Ar

2. Wie heißt die nächstgrößere Flächeneinheit?

a) Quadratmeter = Ar

b) Quadratdezimeter = Quadratmeter

c) Quadratmillimeter = Quadratzentimeter

d) Hektar = Quadratkilometer

e) Quadratzentimeter = Quadratdezimeter

f) Ar = Hektar

3. Wie viel bedeutet der Vorsatz?

a) Kilo = das Tausendfache (1.000)

b) Dezi = ein Hundertstel (0,01)

c) Milli = ein Tausendstel (0,001)

d) Hekto = das Hundertfache (100)

e) Zenti = ein Zehntel (0,1)

f) Deka = ein Zehnfache (10)

4. Ordne den Flächeneinheiten die richtige Abkürzung zu:

a) Quadratmeter = m²

b) Quadratdezimeter = dm²

c) Quadratmillimeter = mm²

d) Hektar = ha

e) Quadratzentimeter = cm²

f) Ar = a

g) Quadratkilometer = km²

5. Rechne diese Flächen in Quadratdezimeter (dm²) um:

   a) 32 m² (· 100) = 3.200 dm²

   b) 5 cm² (: 100) = 0,05 dm²

   c) 28 m² (· 100) = 2.800 dm²

   d) 19 mm² (: 100) = 0,19 cm² (: 100) = 0,0019 dm²

   e) 34 m² (· 100) = 3.400 dm²

   f) 23 mm² (: 100) = 0,23 cm² (: 100) = 0,0023 dm²

   g) 8 m² (· 100) = 800 dm²

   h) 13 mm² (: 100) = 0,13 cm² (: 100) = 0,0013 dm²

   i) 6 cm² (: 100) = 0,06 dm²

   j) 26 cm² (: 100) = 0,26 dm²

   k) 32 mm² (: 100) = 0,32 cm² (: 100) = 0,0032 dm²

   l) 10 m² (· 100) = 1.000 dm²

6. Rechne diese Flächen in Quadratzentimeter (cm²) um:

   a) 12 mm² (: 100) = 0,12 cm²

   b) 5 mm² (: 100) = 0,05 cm²

   c) 7 mm² (: 100) = 0,07 cm²

   d) 20 dm² (· 100) = 2.000 cm²

   e) 16 dm² (· 100) = 1.600 cm²

   f) 23 dm² (· 100) = 2.300 cm²

   g) 18 m² (· 100) = 1.800 dm² (· 100) = 180.000 cm²

   h) 11 mm² (: 100) = 0,11 cm²

   i) 16 mm² (: 100) = 0,16 cm²

   j) 19 dm² (· 100) = 1.900 cm²

   k) 12 dm² (· 100) = 1.200 cm²

   l) 9 m² (· 100) = 900 dm² (· 100) = 90.000 cm²

7. Rechne diese Flächen in Quadratmillimeter (mm²) um:

   a) 20 cm² (· 100) = 2.000 mm²

   b) 19 cm² (· 100) = 1.900 mm²

   c) 21 dm² (· 100) = 2.100 cm² (· 100) = 210.000 mm²

   d) 6 m² (· 100) = 600 dm² (· 100) = 60.000 cm² (· 100) = 6.000.000 mm²

   e) 7 m² (· 100) = 700 dm² (· 100) = 70.000 cm² (· 100) = 7.000.000 mm²

   f) 17 dm² (· 100) = 1.700 cm² (· 100) = 170.000 mm²

   g) 13 dm² (· 100) = 1.300 cm² (· 100) = 130.000 mm²

   h) 22 m² (· 100) = 2.200 dm² (· 100) = 220.000 cm² (· 100) = 22.000.000 mm²

   i) 20 dm² (· 100) = 2.000 cm² (· 100) = 200.000 mm²

   j) 8 m² (· 100) = 800 dm² (· 100) = 80.000 cm² (· 100) = 8.000.000 mm²

k) 18 cm² (· 100) = 1.800 mm²
l) 6 cm² (· 100) = 600 mm²

Lösungen zu „Vorsätze für ein vielfaches eines Quadratmeters"
(Seite 50)

8. Rechne diese Flächen in Quadratmeter (m²) um:
a) 36 km² (· 100) = 3.600 ha (· 100) = 360.000 a (· 100) = 36.000.000 m²
b) 41 km² (· 100) = 4.100 ha (· 100) = 410.000 a (· 100) = 41.000.000 m²
c) 52 a (· 100) = 5.200 m²
d) 7 km² (· 100) = 700 ha (· 100) = 70.000 a (· 100) = 7.000.000 m²
e) 13 km² (· 100) = 1.300 ha (· 100) = 130.000 a (· 100) = 13.000.000 m²
f) 44 ha (· 100) = 4.400 a (· 100) = 440.000 m²
g) 39 a (· 100) = 3.900 m²
h) 23 a (· 100) = 2.300 m²
i) 9 km² (· 100) = 900 ha (· 100) = 90.000 a (· 100) = 9.000.000 m²
j) 51 ha (· 100) = 5.100 a (· 100) = 510.000 m²
k) 33 ha (· 100) = 3.300 a (· 100) = 330.000 m²
l) 30 km² (· 100) = 3.000 ha (· 100) = 300.000 a (· 100) = 30.000.000 m²

9. Rechne diese Flächen in Ar (a) um:
a) 48 ha (· 100) = 4.800 a
b) 35 km² (· 100) = 3.500 ha (· 100) = 350.000 a
c) 47 ha (· 100) = 4.700 a
d) 53 m² (: 100) = 0,53 a
e) 9 ha (· 100) = 900 a
f) 13 ha (· 100) = 1.300 a
g) 45 m² (: 100) = 0,45 a
h) 28 km² (· 100) = 2.800 ha (· 100) = 280.000 a
i) 45 ha (· 100) = 4.500 a
j) 13 m² (: 100) = 0,13 a
k) 20 km² (· 100) = 2.000 ha (· 100) = 200.000 a
l) 16 m² (: 100) = 0,16 a

10. Rechne diese Flächen in Hektar (ha) um:
a) 47 km² (· 100) = 4.700 ha
b) 16 m² (: 100) = 0,16 a (: 100) = 0,0016 ha
c) 20 a (: 100) = 0,2 ha
d) 20 m² (: 100) = 0,2 a (: 100) = 0,002 ha
e) 29 km² (· 100) = 2.900 ha

8. Lösungen – Lösungen

f) 48 km² (· 100) = 4.800 ha

g) 6 km² (· 100) = 600 ha

h) 18 a (: 100) = 0,18 ha

i) 24 a (: 100) = 0,24 ha

j) 47 m² (: 100) = 0,47 a (: 100) = 0,0047 ha

k) 35 m² (: 100) = 0,35 a (: 100) = 0,0035 ha

l) 61 m² (: 100) = 0,61 a (: 100) = 0,0061 ha

11. Rechne diese Flächen in Quadratkilometer (km²) um:

a) 43 ha (: 100) = 0,43 km²

b) 12 m² (: 100) = 0,12 a (: 100) = 0,0012 ha (: 100) = 0,000012 km²

c) 13 m² (: 100) = 0,13 a (: 100) = 0,0013 ha (: 100) = 0,000013 km²

d) 41 a (: 100) = 0,41 ha (: 100) = 0,0041 km²

e) 23 ha (: 100) = 0,23 km²

f) 5 ha (: 100) = 0,05 km²

g) 68 m² (: 100) = 0,68 a (: 100) = 0,0068 (: 100) = 0,000068 km²

h) 55 a (: 100) = 0,55 ha (: 100) = 0,0055 km²

i) 17 ha (: 100) = 0,17 km²

j) 71 ha (: 100) = 0,71 km²

k) 52 ha (: 100) = 0,52 km²

l) 69 m² (: 100) = 0,69 a (: 100) = 0,0069 ha (: 100) = 0,000069 km²

Lösungen zu „Zwischen den Untereinheiten umrechnen" (Seite 51)

12. Rechne diese Flächen in Quadratkilometer (km²) um:

a) 75 m² (: 100) = 0,75 a (: 100) = 0,0075 ha (: 100) = 0,000075 km²

b) 42 dm² (: 100) = 0,42 m² (: 100) = 0,0042 a (: 100) = 0,000042 ha (: 100) = 0,00000042 km²

c) 34 cm² (: 100) = 0,34 dm² (: 100) = 0,0034 m² (: 100) = 0,000034 a (: 100) = 0,00000034 ha (: 100) = 0,0000000034 km²

d) 91 ha (: 100) = 0,91 km²

e) 17 m² (: 100) = 0,17 a (: 100) = 0,0017 ha (: 100) = 0,000017 km²

f) 66 m² (: 100) = 0,66 a (: 100) = 0,0066 ha (: 100) = 0,000066 km²

g) 28 cm² (: 100) = 0,28 dm² (: 100) = 0,0028 m² (: 100) = 0,000028 a (: 100) = 0,00000028 ha (: 100) = 0,0000000028 km²

h) 62 a (: 100) = 0,62 ha (: 100) = 0,0062 km²

i) 94 a (: 100) = 0,94 ha (: 100) = 0,0094 km²

j) 85 a (: 100) = 0,85 ha (: 100) = 0,0085 km²

k) 55 mm² (: 100) = 0,55 cm² (: 100) = 0,0055 dm² (: 100) = 0,000055 m² (: 100) = 0,00000055 a (: 100) = 0,0000000055 ha (: 100) = 0,000000000055 km²

l) 59 ha (: 100) = 0,59 km²

13. Rechne diese Flächen in Hektar (ha) um:

a) 98 dm² (: 100) = 0,98 m² (: 100) = 0,0098 a (: 100) = 0,000098 ha

b) 78 cm² (: 100) = 0,78 dm² (: 100) = 0,0078 m² (: 100) = 0,000078 a (: 100) = 0,00000078 ha

c) 10 a (: 100) = 0,1 ha

d) 89 mm² (: 100) = 0,89 cm² (: 100) = 0,0089 dm² (: 100) = 0,000089 m² (: 100) = 0,00000089 a (: 100) = 0,0000000089 ha

e) 17 cm² (: 100) = 0,17 dm² (: 100) = 0,0017 m² (: 100) = 0,000017 a (: 100) = 0,00000017 ha

f) 73 m² (: 100) = 0,73 a (: 100) = 0,0073 ha

g) 18 m² (: 100) = 0,18 a (: 100) = 0,0018 ha

h) 52 dm² (: 100) = 0,52 m² (: 100) = 0,0052 a (: 100) = 0,000052 ha

i) 63 a (: 100) = 0,63 ha

j) 58 dm² (: 100) = 0,58 m² (: 100) = 0,0058 a (: 100) = 0,000058 ha

k) 12 dm² (: 100) = 0,12 m² (: 100) = 0,0012 a (: 100) = 0,000012 ha

l) 90 km² (· 100) = 9.000 ha

14. Rechne diese Flächen in Ar (a) um:

a) 15 km² (· 100) = 1.500 ha (· 100) = 150.000 a

b) 75 ha (· 100) = 7.500 a

c) 12 mm² (: 100) = 0,12 cm² (: 100) = 0,0012 dm² (: 100) = 0,000012 m² (: 100) = 0,00000012 a

d) 61 ha (· 100) = 6.100 a

e) 19 km² (· 100) = 1.900 ha (· 100) = 190.000 a

f) 85 km² (· 100) = 8.500 ha (· 100) = 850.000 a

g) 11 cm² (: 100) = 0,11 dm² (: 100) = 0,0011 m² (: 100) = 0,000011 a

h) 62 cm² (: 100) = 0,62 dm² (: 100) = 0,0062 m² (: 100) = 0,000062 a

i) 68 ha (· 100) = 6.800 a

j) 5 cm² (: 100) = 0,05 dm² (: 100) = 0,0005 m² (: 100) = 0,000005 a

k) 10 mm² (: 100) = 0,1 cm² (: 100) = 0,001 dm² (: 100) = 0,00001 m² (: 100) = 0,0000001 a

l) 91 ha (· 100) = 9.100 a

15. Rechne diese Flächen in Quadratmeter (m²) um:

a) 52 ha (· 100) = 5.200 a (· 100) = 520.000 m²

b) 63 cm² (: 100) = 0,63 dm² (: 100) = 0,0063 m²

c) 36 ha (· 100) = 3.600 a (· 100) = 360.000 m²

d) 15 a (· 100) = 1.500 m²

e) 12 dm² (: 100) = 0,12 m²

f) 13 km² (· 100) = 1.300 ha (· 100) = 130.000 a (· 100) = 13.000.000 m²

g) 12 km² (· 100) = 1.200 ha (· 100) = 120.000 a (· 100) = 12.000.000 m²

h) 26 km² (· 100) = 2.600 ha (· 100) = 260.000 a (· 100) = 26.000.000 m²

i) 11 cm² (: 100) = 0,11 dm² (: 100) = 0,0011 m²

j) 16 mm² (: 100) = 0,16 cm² (: 100) = 0,0016 dm² (: 100) = 0,000016 m²

k) 15 mm² (: 100) = 0,15 cm² (: 100) = 0,0015 dm² (: 100) = 0,000015 m²

l) 16 dm² (: 100) = 0,16 m²

16. **Rechne diese Flächen in Quadratdezimeter (dm²) um:**

a) 42 cm² (: 100) = 0,42 dm²

b) 38 cm² (: 100) = 0,38 dm²

c) 47 m² (· 100) = 4.700 dm²

d) 3 a (· 100) = 300 m² (· 100) = 30.000 dm²

e) 35 ha (· 100) = 3.500 a (· 100) = 350.000 m² (· 100) = 35.000.000 dm²

f) 59 cm² (: 100) = 0,59 dm²

g) 55 a (· 100) = 5.500 m² (· 100) = 550.000 dm²

h) 41 cm² (: 100) = 0,41 dm²

i) 34 ha (· 100) = 3.400 a (· 100) = 340.000 m² (· 100) = 34.000.000 dm²

j) 7 km² (· 100) = 700 ha (· 100) = 70.000 a (· 100) = 7.000.000 m² (· 100) = 700.000.000 dm²

k) 91 km² (· 100) = 9.100 ha (· 100) = 910.000 a (· 100) = 91.000.000 m² (· 100) = 9.100.000.000 dm²

l) 54 mm² (: 100) = 0,54 cm² (: 100) = 0,0054 dm²

17. **Rechne diese Flächen in Quadratzentimeter (cm²) um:**

a) 66 a (· 100) = 6.600 m² (· 100) = 660.000 dm² (· 100) = 66.000.000 cm²

b) 93 mm² (: 100) = 0,93 cm²

c) 10 m² (· 100) = 1.000 dm² (· 100) = 100.000 cm²

d) 10 ha (· 100) = 1.000 a (· 100) = 100.000 m² (· 100) = 10.000.000 dm² (· 100) = 1.000.000.000 cm²

e) 5 mm² (: 100) = 0,05 cm²

f) 64 km² (· 100) = 6.400 ha (· 100) = 640.000 a (· 100) = 64.000.000 m² (· 100) = 6.400.000.000 dm² (· 100) = 640.000.000.000 cm²

g) 44 m² (· 100) = 4.400 dm² (· 100) = 440.000 cm²

h) 38 a (· 100) = 3.800 m² (· 100) = 380.000 dm² (· 100) = 38.000.000 cm²

i) 42 mm² (: 100) = 0,42 cm²

j) 76 dm² (· 100) = 7.600 cm²

k) 99 dm² (· 100) = 9.900 cm²

l) 14 km² (· 100) = 1.400 ha (· 100) = 140.000 a (· 100) = 14.000.000 m² (· 100) = 1.400.000.000 dm² (· 100) = 140.000.000.000 cm²

18. **Rechne diese Flächen in Quadratmillimeter (mm²) um:**

a) 15 m² (· 100) = 1.500 dm² (· 100) = 150.000 cm² (· 100) = 15.000.000 mm²

b) 89 cm² (· 100) = 8.900 mm²

c) 13 ha (· 100) = 1.300 a (· 100) = 130.000 m² (· 100) = 13.000.000 dm² (· 100) = 1.300.000.000 cm² (· 100) = 130.000.000.000 mm²

d) 91 km² (· 100) = 9.100 ha (· 100) = 910.000 a (· 100) = 91.000.000 m² (· 100) = 9.100.000.000 dm² (· 100) = 910.000.000.000 cm² (· 100) = 91.000.000.000.000 mm²

e) 12 m² (· 100) = 1.200 dm² (· 100) = 120.000 cm² (· 100) = 12.000.000 mm²

f) 12 km² (· 100) = 1.200 ha (· 100) = 120.000 a (· 100) = 12.000.000 m² (· 100) = 1.200.000.000 dm² (· 100) = 120.000.000.000 cm² (· 100) = 12.000.000.000.000 mm²

g) 11 cm² (· 100) = 1.100 mm²

h) 15 ha (· 100) = 1.500 a (· 100) = 150.000 m² (· 100) = 15.000.000 dm² (· 100) = 1.500.000.000 cm² (· 100) = 150.000.000.000 mm²

i) 10 m² (· 100) = 1.000 dm² (· 100) = 100.000 cm² (· 100) = 10.000.000 mm²

j) 56 m² (· 100) = 5.600 dm² (· 100) = 560.000 cm² (· 100) = 56.000.000 mm²

k) 14 ha (· 100) = 1.400 a (· 100) = 140.000 m² (· 100) = 14.000.000 dm² (· 100) = 1.400.000.000 cm² (· 100) = 140.000.000.000 mm²

l) 69 ha (· 100) = 6.900 a (· 100) = 690.000 m² (· 100) = 69.000.000 dm² (· 100) = 6.900.000.000 cm² (· 100) = 690.000.000.000 mm²

Lösungen zu „Addition von Flächeneinheiten" (Seite 52)

19. Addiere diese Flächen und wandle in die größte Einheit um:

a) 5 m² + (68 dm² : 100) = 5 m² + 0,68 m² = 5,68 m²

b) 6 a + (109 m² : 100) = 6 a + 1,09 a = 7,09 a

c) 2 dm² + (282 cm² : 100) = 2 dm² + 2,82 dm² = 4,82 dm²

d) 5 m² + (215 dm² : 100) = 5 m² + 2,15 m² = 7,15 m²

e) 6 dm² + (213 cm² : 100) = 6 dm² + 2,13 dm² = 8,13 dm²

f) 4 m² + (245 dm² : 100) = 4 m² + 2,45 m² = 6,45 m²

g) 7 a + (164 m² : 100) = 7 a + 1,64 a = 8,64 a

h) 2 m² + (57 dm² : 100) = 2 m² + 0,57 m² = 2,57 m²

i) 4 dm² + (312 cm² : 100) = 4 dm² + 3,12 dm² = 7,12 dm²

j) 7 a + (357 m² : 100) = 7 a + 3,57 a = 10,57 a

k) 3 km² + (65 ha : 100) = 3 km² + 0,65 km² = 3,65 km²

l) 4 cm² + (156 mm² : 100) = 4 cm² + 1,56 cm² = 5,56 cm²

20. Addiere diese Flächen und wandle in die kleinste Einheit um:

a) (8 ha · 100) + 188 a = 800 a + 188 a = 988 a

b) (3 km² · 100) + 356 ha = 300 ha + 356 ha = 656 ha

c) (5 km² · 100) + 145 ha = 500 ha + 145 ha = 645 ha

d) (8 m² · 100) + 15 dm² = 800 dm² + 15 dm² = 815 dm²

e) (4 ha · 100) + 377 a = 400 a + 377 a = 777 a

f) (5 a · 100) + 260 m² = 500 m² + 260 m² = 760 m²

g) (2 m² · 100) + 125 dm² = 200 dm² + 125 dm² = 325 dm²

h) (7 dm² · 100) + 118 cm² = 700 cm² + 118 cm² = 818 cm²

i) (2 cm² · 100) + 289 mm² = 200 mm² + 289 mm² = 489 mm²

j) (6 cm² · 100) + 264 mm² = 600 mm² + 264 mm² = 864 mm²

k) (4 ha · 100) + 350 a = 400 a + 350 a = 750 a

l) (8 dm² · 100) + 253 cm² = 800 cm² + 253 cm² = 1.053 cm²

21. Addiere diese Flächen und wandle in die kleinste Einheit um:

a) $(8 \text{ m}^2 \cdot 100 \cdot 100) + 38 \text{ cm}^2 + (11 \text{ dm}^2 \cdot 100) = 80.000 \text{ cm}^2 + 38 \text{ cm}^2 + 1.100 \text{ cm}^2 = 81.138 \text{ cm}^2$

b) $(7 \text{ dm}^2 \cdot 100 \cdot 100) + 37 \text{ mm}^2 + (33 \text{ cm}^2 \cdot 100) = 70.000 \text{ mm}^2 + 37 \text{ mm}^2 + 3.300 \text{ mm}^2 = 73.337 \text{ mm}^2$

c) $(8 \text{ a} \cdot 100 \cdot 100) + 75 \text{ dm}^2 + (45 \text{ m}^2 \cdot 100) = 80.000 \text{ dm}^2 + 75 \text{ dm}^2 + 4.500 \text{ dm}^2 = 84.575 \text{ dm}^2$

d) $(6 \text{ dm}^2 \cdot 100 \cdot 100) + 62 \text{ mm}^2 + (11 \text{ cm}^2 \cdot 100) = 60.000 \text{ mm}^2 + 62 \text{ mm}^2 + 1.100 \text{ mm}^2 = 61.162 \text{ mm}^2$

e) $(4 \text{ km}^2 \cdot 100 \cdot 100) + 92 \text{ a} + (11 \text{ ha} \cdot 100) = 40.000 \text{ a} + 92 \text{ a} + 1.100 \text{ a} = 41.192 \text{ a}$

f) $(8 \text{ ha} \cdot 100 \cdot 100) + 82 \text{ m}^2 + (45 \text{ a} \cdot 100) = 80.000 \text{ m}^2 + 82 \text{ m}^2 + 4.500 \text{ m}^2 = 84.582 \text{ m}^2$

g) $(8 \text{ km}^2 \cdot 100 \cdot 100) + 30 \text{ a} + (45 \text{ ha} \cdot 100) = 80.000 \text{ a} + 30 \text{ a} + 4.500 \text{ a} = 84.530 \text{ a}$

h) $(2 \text{ m}^2 \cdot 100 \cdot 100) + 88 \text{ cm}^2 + (51 \text{ dm}^2 \cdot 100) = 20.000 \text{ cm}^2 + 88 \text{ cm}^2 + 5.100 \text{ cm}^2 = 25.188 \text{ cm}^2$

i) $(6 \text{ ha} \cdot 100 \cdot 100) + 69 \text{ m}^2 + (66 \text{ a} \cdot 100) = 60.000 \text{ m}^2 + 69 \text{ m}^2 + 6.600 \text{ m}^2 = 66.669 \text{ m}^2$

j) $(7 \text{ dm}^2 \cdot 100 \cdot 100) + 29 \text{ mm}^2 + (18 \text{ cm}^2 \cdot 100) = 70.000 \text{ mm}^2 + 29 \text{ mm}^2 + 1.800 \text{ mm}^2 = 71.829 \text{ mm}^2$

k) $(4 \text{ m}^2 \cdot 100 \cdot 100) + 26 \text{ cm}^2 + (16 \text{ dm}^2 \cdot 100) = 40.000 \text{ cm}^2 + 26 \text{ cm}^2 + 1.600 \text{ cm}^2 = 41.626 \text{ cm}^2$

l) $(8 \text{ km}^2 \cdot 100 \cdot 100) + 63 \text{ a} + (67 \text{ ha} \cdot 100) = 80.000 \text{ a} + 63 \text{ a} + 6.700 \text{ a} = 86.763 \text{ a}$

22. Addiere diese Flächen und wandle in eine sinnvolle Einheit um:

a) $(3 \text{ m}^2 \cdot 100) + 45 \text{ dm}^2 + (32 \text{ cm}^2 : 100) + 8 \text{ dm}^2 = 300 \text{ dm}^2 + 45 \text{ dm}^2 + 0,32 \text{ dm}^2 + 8 \text{ dm}^2 = 353,32 \text{ dm}^2$

b) $(6 \text{ dm}^2 \cdot 100) + 54 \text{ cm}^2 + (61 \text{ mm}^2 : 100) + 3 \text{ cm}^2 = 600 \text{ cm}^2 + 54 \text{ cm}^2 + 0,61 \text{ cm}^2 + 3 \text{ cm}^2 = 657,61 \text{ cm}^2$

c) $(3 \text{ a} \cdot 100) + 84 \text{ m}^2 + (64 \text{ dm}^2 : 100) + 10 \text{ m}^2 = 300 \text{ m}^2 + 84 \text{ m}^2 + 0,64 \text{ m}^2 + 10 \text{ m}^2 = 394,64 \text{ m}^2$

d) $(2 \text{ a} \cdot 100) + 31 \text{ m}^2 + (13 \text{ dm}^2 : 100) + 20 \text{ m}^2 = 200 \text{ m}^2 + 31 \text{ m}^2 + 0,13 \text{ m}^2 + 20 \text{ m}^2 = 251,13 \text{ m}^2$

e) $(6 \text{ a} \cdot 100) + 72 \text{ m}^2 + (56 \text{ dm}^2 : 100) + 20 \text{ m}^2 = 600 \text{ m}^2 + 72 \text{ m}^2 + 0,56 \text{ m}^2 + 20 \text{ m}^2 = 692,56 \text{ m}^2$

f) $(6 \text{ dm}^2 \cdot 100) + 58 \text{ cm}^2 + (19 \text{ mm}^2 : 100) + 5 \text{ cm}^2 = 600 \text{ cm}^2 + 58 \text{ cm}^2 + 0,19 \text{ cm}^2 + 5 \text{ cm}^2 = 663,19 \text{ cm}^2$

g) $(7 \text{ m}^2 \cdot 100) + 64 \text{ dm}^2 + (47 \text{ cm}^2 : 100) + 28 \text{ dm}^2 = 700 \text{ dm}^2 + 64 \text{ dm}^2 + 0,47 \text{ dm}^2 + 28 \text{ dm}^2 = 792,47 \text{ dm}^2$

h) $(2 \text{ dm}^2 \cdot 100) + 28 \text{ cm}^2 + (52 \text{ mm}^2 : 100) + 25 \text{ cm}^2 = 200 \text{ cm}^2 + 28 \text{ cm}^2 + 0,52 \text{ cm}^2 + 25 \text{ cm}^2 = 253,52 \text{ cm}^2$

i) $(2 \text{ m}^2 \cdot 100) + 96 \text{ dm}^2 + (22 \text{ cm}^2 : 100) + 9 \text{ dm}^2 = 200 \text{ dm}^2 + 96 \text{ dm}^2 + 0,22 \text{ dm}^2 + 9 \text{ dm}^2 = 305,22 \text{ dm}^2$

j) $(6 \text{ ha} \cdot 100) + 39 \text{ a} + (67 \text{ m}^2 : 100) + 2 \text{ a} = 600 \text{ a} + 39 \text{ a} + 0,67 \text{ a} + 2 \text{ a} = 641,67 \text{ a}$

k) $(6 \text{ km}^2 \cdot 100) + 77 \text{ ha} + (32 \text{ a} : 100) + 8 \text{ ha} = 600 \text{ ha} + 77 \text{ ha} + 0,32 \text{ ha} + 8 \text{ ha} = 685,32 \text{ ha}$

l) $(6 \text{ dm}^2 \cdot 100) + 22 \text{ cm}^2 + (42 \text{ mm}^2 : 100) + 20 \text{ cm}^2 = 600 \text{ cm}^2 + 22 \text{ cm}^2 + 0,42 \text{ cm}^2 + 20 \text{ cm}^2 = 642,42 \text{ cm}^2$

23. Subtrahiere diese Flächen und wandle in die kleinste Einheit um:

a) $(17 \text{ km}^2 \cdot 100) - 134 \text{ ha} = 1.700 \text{ ha} - 134 \text{ ha} = 1.566 \text{ ha}$

b) $(4 \text{ km}^2 \cdot 100) - 20 \text{ ha} = 400 \text{ ha} - 20 \text{ ha} = 380 \text{ ha}$

c) $(3 \text{ a} \cdot 100) - 80 \text{ m}^2 = 300 \text{ m}^2 - 80 \text{ m}^2 = 220 \text{ m}^2$

d) $(29 \text{ a} \cdot 100) - 135 \text{ m}^2 = 2.900 \text{ m}^2 - 135 \text{ m}^2 = 2.765 \text{ m}^2$

e) $(4 \text{ m}^2 \cdot 100) - 54 \text{ dm}^2 = 400 \text{ dm}^2 - 54 \text{ dm}^2 = 346 \text{ dm}^2$

f) $(13 \text{ m}^2 \cdot 100) - 12 \text{ dm}^2 = 1.300 \text{ dm}^2 - 12 \text{ dm}^2 = 1.288 \text{ dm}^2$

g) $(35 \text{ km}^2 \cdot 100) - 44 \text{ ha} = 3.500 \text{ ha} - 44 \text{ ha} = 3.456 \text{ ha}$

h) $(36 \text{ m}^2 \cdot 100) - 129 \text{ dm}^2 = 3.600 \text{ dm}^2 - 129 \text{ dm}^2 = 3.471 \text{ dm}^2$

i) $(30 \text{ m}^2 \cdot 100) - 20 \text{ dm}^2 = 3.000 \text{ dm}^2 - 20 \text{ dm}^2 = 2.980 \text{ dm}^2$

j) $(32 \text{ m}^2 \cdot 100) - 34 \text{ dm}^2 = 3.200 \text{ dm}^2 - 34 \text{ dm}^2 = 3.166 \text{ dm}^2$

k) $(3 \text{ a} \cdot 100) - 92 \text{ m}^2 = 300 \text{ m}^2 - 92 \text{ m}^2 = 208 \text{ m}^2$

l) $(29 \text{ dm}^2 \cdot 100) - 79 \text{ cm}^2 = 2.900 \text{ cm}^2 - 79 \text{ cm}^2 = 2.821 \text{ cm}^2$

24. Subtrahiere diese Flächen und wandle in die größte Einheit um:

a) $9 \text{ cm}^2 - (66 \text{ mm}^2 : 100) = 9 \text{ cm}^2 - 0,66 \text{ cm}^2 = 8,34 \text{ cm}^2$

b) $27 \text{ m}^2 - (131 \text{ dm}^2 : 100) = 27 \text{ m}^2 - 1,31 \text{ m}^2 = 25,69 \text{ m}^2$

c) $23 \text{ dm}^2 - (41 \text{ cm}^2 : 100) = 23 \text{ dm}^2 - 0,41 \text{ dm}^2 = 22,59 \text{ dm}^2$

d) $29 \text{ a} - (87 \text{ m}^2 : 100) = 29 \text{ a} - 0,87 \text{ a} = 28,13 \text{ a}$

e) $33 \text{ cm}^2 - (70 \text{ mm}^2 : 100) = 33 \text{ cm}^2 - 0,7 \text{ cm}^2 = 32,3 \text{ cm}^2$

f) $2 \text{ ha} - (58 \text{ a} : 100) = 2 \text{ ha} - 0,58 \text{ ha} = 1,42 \text{ ha}$

g) $4 \text{ ha} - (41 \text{ a} : 100) = 4 \text{ ha} - 0,41 \text{ ha} = 3,59 \text{ ha}$

h) $21 \text{ cm}^2 - (81 \text{ mm}^2 : 100) = 21 \text{ cm}^2 - 0,81 \text{ cm}^2 = 20,19 \text{ cm}^2$

i) $22 \text{ a} - (100 \text{ m}^2 : 100) = 22 \text{ a} - 1 \text{ a} = 21 \text{ a}$

j) $10 \text{ m}^2 - (132 \text{ dm}^2 : 100) = 10 \text{ m}^2 - 1,32 \text{ m}^2 = 8,68 \text{ m}^2$

k) $9 \text{ dm}^2 - (108 \text{ cm}^2 : 100) = 9 \text{ dm}^2 - 1,08 \text{ dm}^2 = 7,92 \text{ dm}^2$

l) $21 \text{ ha} - (112 \text{ a} : 100) = 21 \text{ ha} - 1,12 \text{ ha} = 19,88 \text{ ha}$

25. Subtrahiere diese Flächen und wandle in die kleinste Einheit um:

a) $(9 \text{ ha} \cdot 100 \cdot 100) - 88 \text{ m}^2 - (52 \text{ a} \cdot 100) = 90.000 \text{ m}^2 - 88 \text{ m}^2 - 5.200 \text{ m}^2 = 84.712 \text{ m}^2$

b) $(22 \text{ m}^2 \cdot 100 \cdot 100) - 88 \text{ cm}^2 - (113 \text{ dm}^2 \cdot 100) = 220.000 \text{ cm}^2 - 88 \text{ cm}^2 - 11.300 \text{ cm}^2 =$ 208.612 cm²

c) $(24 \text{ m}^2 \cdot 100 \cdot 100) - 74 \text{ cm}^2 - (37 \text{ dm}^2 \cdot 100) = 240.000 \text{ cm}^2 - 74 \text{ cm}^2 - 3.700 \text{ cm}^2 = 236.226 \text{ cm}^2$

d) $(8 \text{ km}^2 \cdot 100 \cdot 100) - 39 \text{ a} - (68 \text{ ha} \cdot 100) = 80.000 \text{ a} - 39 \text{ a} - 6.800 \text{ a} = 73.161 \text{ a}$

e) $(17 \text{ a} \cdot 100 \cdot 100) - 19 \text{ dm}^2 - (67 \text{ m}^2 \cdot 100) = 170.000 \text{ dm}^2 - 19 \text{ dm}^2 - 6.700 \text{ dm}^2 = 163.281 \text{ dm}^2$

f) $(3 \text{ km}^2 \cdot 100 \cdot 100) - 16 \text{ a} - (62 \text{ ha} \cdot 100) = 30.000 \text{ a} - 16 \text{ a} - 6.200 \text{ a} = 23.784 \text{ a}$

g) $(4 \text{ ha} \cdot 100 \cdot 100) - 31 \text{ m}^2 - (85 \text{ a} \cdot 100) = 40.000 \text{ m}^2 - 31 \text{ m}^2 - 8.500 \text{ m}^2 = 31.469 \text{ m}^2$

h) $(12 \text{ dm}^2 \cdot 100 \cdot 100) - 76 \text{ mm}^2 - (99 \text{ cm}^2 \cdot 100) = 120.000 \text{ mm}^2 - 76 \text{ mm}^2 - 9.900 \text{ mm}^2 =$ 110.024 mm²

i) (8 km² · 100 · 100) – 58 a – (22 ha · 100) = 80.000 a – 58 a – 2.200 a = 77.742 a

j) (33 km² · 100 · 100) – 41 a – (35 ha · 100) = 330.000 a – 41 a – 3.500 a = 326.459 a

k) (12 a · 100 · 100) – 27 dm² – (13 m² · 100) = 120.000 dm² – 27 dm² – 1.300 dm² = 118.673 dm²

l) (6 a · 100 · 100) – 28 dm² – (21 m² · 100) = 60.000 dm² – 28 dm² – 2.100 dm² = 57.872 dm²

26. Subtrahiere diese Flächen und wandle in eine sinnvolle Einheit um:

a) (4 a · 100) – 58 m² – (111 dm² : 100) – 5 m² = 400 m² – 58 m² – 1,11 m² – 5 m² = 335,89 m²

b) (30 ha · 100) – 86 a – (33 m² : 100) – 20 a = 3.000 a – 86 a – 0,33 a – 20 a = 2.893,67 a

c) (15 dm² · 100) – 33 cm² – (15 mm² : 100) – 28 cm² = 1.500 cm² – 33 cm² – 0,15 cm² – 28 cm² = 1.438,85 cm²

d) (24 a · 100) – 55 m² – (98 dm² : 100) – 13 m² = 2.400 m² – 55 m² – 0,98 m² – 13 m² = 2.331,02 m²

e) (30 a · 100) – 98 m² – (101 dm² : 100) – 14 m² = 3.000 m² – 98 m² – 1,01 m² – 14 m² = 2.886,99 m²

f) (33 ha · 100) – 80 a – (43 m² : 100) – 26 a = 3.300 a – 80 a – 0,43 a – 26 a = 3.193,57 a

g) (38 m² · 100) – 54 dm² – (127 cm² : 100) – 30 dm² = 3.800 dm² – 54 dm² – 1,27 dm² – 30 dm² = 3.714,73 dm²

h) (37 km² · 100) – 63 ha – (132 a : 100) – 20 ha = 3.700 ha – 63 ha – 1,32 ha – 20 ha = 3.615,68 ha

i) (3 a · 100) – 54 m² – (85 dm² : 100) – 2 m² = 300 m² – 54 m² – 0,85 m² – 2 m² = 243,15 m²

j) (15 km² · 100) – 23 ha – (70 a : 100) – 28 ha = 1.500 ha – 23 ha – 0,7 ha – 28 ha = 1.448,3 ha

k) (15 km² · 100) – 80 ha – (137 a : 100) – 18 ha = 1.500 ha – 80 ha – 1,37 ha – 18 ha = 1.400,63 ha

l) (17 m² · 100) – 14 dm² – (55 cm² : 100) – 13 dm² = 1.700 dm² – 14 dm² – 0,55 dm² – 13 dm² = 1.672,45 dm²

Lösungen zu „Multiplikation von Flächeneinheiten" (Seite 55)

27. Multipliziere diese Flächen:

a) 6 · 2 cm² = 12 cm²

b) 13 · 10 a = 130 a

c) 5 · 7 a = 35 a

d) 3 · 3 m² = 9 m²

e) 10 · 8 ha = 80 ha

f) 7 · 7 m² = 49 m²

g) 12 · 10 m² = 120 m²

h) 9 · 9 dm² = 81 dm²

i) 2 · 13 dm² = 26 dm²

j) 2 · 7 ha = 14 ha

k) 8 · 9 dm² = 72 dm²

l) 5 · 11 mm² = 55 mm²

28. Multipliziere diese Flächen und gib das Ergebnis in der größtmöglichen Einheit an:

a) 15 · 21 m² = 315 m² (: 100) = 3,15 a

a) 10 · 10 dm² = 100 dm² (: 100) = 1 m²

b) 5 · 29 dm² = 145 dm² (: 100) = 1,45 m²

c) 10 · 20 a = 200 a (: 100) = 2 ha

d) 3 · 25 cm² = 75 cm² (: 100) = 0,75 dm²

e) 18 · 9 cm² = 162 cm² (: 100) = 1,62 dm²

f) 2 · 10 mm² = 20 mm² (: 100) = 0,2 cm²

g) 26 · 18 a = 468 a (: 100) = 4,68 ha

h) 15 · 19 a = 285 a (: 100) = 2,85 ha

i) 26 · 7 m² = 182 m² (: 100) = 1,82 a

j) 14 · 16 mm² = 224 mm² (: 100) = 2,24 cm²

k) 19 · 14 a = 266 a (: 100) = 2,66 ha

29. Dividiere diese Flächen:

a) 45 ha : 3 = 15 ha

b) 28 a : 7 = 4 a

c) 306 ha : 18 = 17 ha

d) 225 mm² : 15 = 15 mm²

e) 68 mm² : 4 = 17 mm²

f) 102 cm² : 17 = 6 cm²

g) 30 m² : 6 = 5 m²

h) 96 m² : 6 = 16 m²

i) 216 ha : 12 = 18 ha

j) 240 m² : 16 = 15 m²

k) 144 dm² : 16 = 9 dm²

l) 12 dm² : 3 = 4 dm²

30. Dividiere diese Flächen:

a) 85 cm² : 5 cm² = 17

b) 156 ha : 6 ha = 26

c) 483 ha : 21 ha = 23

d) 72 cm² : 6 cm² = 12

e) 56 a : 8 a = 7

f) 132 a : 22 a = 6

g) 90 mm² : 10 mm² = 9

h) 52 a : 26 a = 2

i) 66 a : 6 a = 11

j) 56 cm² : 8 cm² = 7

k) 408 mm² : 17 mm² = 24

l) 45 m² : 5 m² = 9

31. Dividiere diese Flächen:

a) (3,2 m² · 100) : 4 dm² = 320 dm² : 4 dm² = 80

b) (2,4 cm² · 100) : 6 mm² = 240 mm² : 6 mm² = 40

c) (17,5 m² · 100) : 25 dm² = 1.750 dm² : 25 dm² = 70

d) (6 km² · 100) : 15 ha = 600 ha : 15 ha = 40

e) (14 dm² · 100) : 20 cm² = 1.400 cm² : 20 cm² = 70

f) (11,7 km² · 100) : 13 ha = 1.170 ha : 13 ha = 90

g) (10,8 m² · 100) : 18 dm² = 1.080 dm² : 18 dm² = 60

h) (5,1 ha · 100) : 17 a = 510 a : 17 a = 30

i) (9 dm² · 100) : 15 cm² = 900 cm² : 15 cm² = 60

j) (11,2 dm² · 100) : 16 cm² = 1.120 cm² : 16 cm² = 70

k) (1,2 dm² · 100) : 2 cm² = 120 cm² : 2 cm² = 60

l) (2,8 a · 100) : 7 m² = 280 m² : 7 m² = 40

32. Löse die Textaufgaben:

a) 5 a (· 100) = 500 m²   *Umrechnung Dachfläche in m²*

   500 m² · 14 Ziegel/m² = 7.000 Ziegel   *Berechnung Anzahl Ziegel*

   → *Er muss 7.000 Ziegel bestellen.*

b) 35.758.200 ha (: 100) = 357.582 km²   *Umrechnung Deutschland in km²*

   83.000.000 EW : 357.582 km² = 232,11... ≈ 232 EW/km²   *Berechnung Einwohner (EW) pro km²*

   1.109.940.000 a (: 100) = 11.099.400 ha   *Umrechnung Bulgarien in ha*

   11.099.400 ha (: 100) = 110.994 km²   *Umrechnung Bulgarien in km²*

   7.000.000 EW : 110.994 km² = 63,06... ≈ 63 EW/km²   *Berechnung EW pro km²*

   → *Es leben in Deutschland durchschnittlich 232 Einwohner auf 1 km², in Bulgarien lediglich 63 Ein-*
   wohner auf 1 km².

c) 2 · 15 m² = 30 m²   *Berechnung zu streichende Fläche*

   30 m² : 10 m² = 3   *Berechnung Anzahl Farbeimer*

   3 · 25,50 € = 76,50 €   *Berechnung Kosten der Farbeimer*

   30 m² : 6 m² = 5   *Berechnung Anzahl Farbdosen*

   5 · 16,50 € = 82,50 €   *Berechnung Kosten der Farbdosen*

   → *Die Variante mit 3 Farbeimern ist günstiger (82,50 € – 76,50 = 6 €).*

d) 6,25 dm² (· 100) = 625 cm²   *Umrechnung Seitenfläche in cm²*

   625 cm² (· 100) = 62.500 mm²   *Umrechnung Seitenfläche in mm²*

   62.500 mm² : 25 mm² = 2.500 Kästchen   *Berechnung Anzahl Kästchen*

   → *Es befinden sich 2.500 Kästchen auf einer DIN-A4-Seite.*

e) 1.590 mm² (: 100) = 15,9 cm²   *Umrechnung Lochfläche in cm²*

   1,13 dm² (· 100) = 113 cm²   *Umrechnung Gesamtfläche in cm²*

   113 cm² – 15,9 cm² = 97,1 cm²   *Berechnung glänzende Fläche*

   → *Die glänzende Fläche beträgt 97,1 cm².*

f) 0,714 ha (· 100) = 71,4 a   *Umrechnung Fußballfeld in a*

   71,4 a (· 100) = 7.140 m²   *Umrechnung Fußballfeld in m²*

   7.140 m² · 25 g/m² = 178.500 g   *Berechnung Menge in Gramm (g)*

   178.500 g (: 1.000) = 178,5 kg   *Umrechnung in kg (1 kg = 1.000 g)*

   178,5 kg : 20 kg = 8,925 ≈ 9 Säcke   *Berechnung Anzahl Säcke*

   → *Es werden 9 Säcke mit 20 kg Grassamen benötigt.*

g) 250 · 135 cm² = 27.000 cm² *Berechnung Fläche*
27.000 cm² (: 100) = 270 dm² *Umrechnung Gesamtfläche in dm²*
270 dm² (: 100) = 2,7 m² *Umrechnung Gesamtfläche in m²*

→ *Es kann eine Fläche von 2,7 m² ausgelegt werden.*

h) 53.265 cm² (: 100) = 532,65 dm² *Umrechnung Rolle in dm²*
532,65 dm² (: 100) = 5,3265 m² *Umrechnung Rolle in m²*
4 · 11,25 m² = 45 m² *Berechnung zu tapezierende Fläche*
45 m² : 5,3265 m² = 8,44... ≈ 9 Rollen *Berechnung Anzahl Rollen*

→ *Es werden 9 Rollen Tapete benötigt.*

i) 2 · 16 dm² = 32 dm² *Berechnung Fläche pro Kissen*
32 dm² · 4 = 128 dm² *Berechnung Fläche aller Kissen*
128 dm² (: 100) = 1,28 m² *Umrechnung Fläche in m²*
1,28 m² − 0,75 m² = 0,53 m² *Berechnung Restdifferenz Stoff*

→ *Der Stoff reicht nicht, Martina muss noch 0,53 m² dazukaufen.*

j) 4 · 13 = 52 Karten *Berechnung Anzahl Spielkarten*
52 · 53,7 cm² = 2.792,4 cm² *Berechnung Fläche Kartenspiel*
2.792,4 cm² (: 100) = 27,924 dm² *Umrechnung Kartenspielfläche in dm²*
1,12 m² (· 100) = 112 dm² *Umrechnung Tischfläche in dm²*
112 dm² : 27,924 dm² = 4,0108... ≈ 4 *Berechnung Anzahl Kartenspiele*

→ *Saskia kann 4 volle Kartenspiele auf den Tisch legen.*

k) 4 · 123,25 dm² = 493 dm² *Berechnung Strandtücherfläche (3+1)*
493 dm² (: 100) = 4,93 m² *Umrechnung Strandtucherfläche in m²*
4,93 m² < 5,67 m² *Vergleich Strandtücher zu Stranddecke*
5,67 m² − 4,93 m² = 0,74 m² *Berechnung zusätzlicher Platz*
0,74 m² (· 100) = 74 dm² *Umrechnung in dm², da ohne Komma*

→ *Sie haben auf der XXL–Stranddecke 74 dm² mehr Platz.*

l) 0,25 m² (· 100) = 25 dm² *Umrechnung Format A2 in dm²*
25 dm² : 2 = 12,5 dm² *Berechnung Größe Format A3*
12,5 dm² : 2 = 6,25 dm² *Berechnung Größe Format A4*
6,25 dm² : 2 = 3,125 dm² *Berechnung Größe Format A5*
3,125 dm² (· 100) = 312,5 cm² *Umrechnung Format A5 in cm²*

→ *Ein Bogen Papier im Format A5 hat eine Fläche von 312,5 cm².*

33. Löse die Textaufgaben:

a) 338 dm² (: 100) = 3,38 m² *Umrechnung Badezimmer in m²*

0,143 a (· 100) = 14,3 m² *Umrechnung Schlafzimmer in m²*

6,7 m² + 3,38 m² + 4,78 m² + 15,23 m² + 14,3 m² *Berechnung gesamte Wohnfläche*
+ 15,48 m² = 59,88 m² ≈ 60 m²

→ *Die Wohnung hat eine Größe 60 m².*

b) 900 cm² (: 100) = 9 dm² *Umrechnung Natursteinfliese in dm²*

180 · 9 dm² = 1.620 dm² *Berechnung gesamter Boden*

2.400 cm² (: 100) = 24 dm² *Umrechnung Marmorfliese in dm²*

1.620 dm² : 24 dm² = 67,5 ≈ 68 *Berechnung Anzahl Marmorfliesen*

68 · 14,79 € = 1.005,72 € *Berechnung Preis aller Marmorfliesen*

1.005,72 € – 482,40 € = 523,32 € *Berechnung Differenz*

→ *Herr Schmidt müsste für den Marmorboden 523,32 € mehr bezahlen.*

c) 1 a (· 100) = 100 m² *Umrechnung Seitenfläche in m²*

4 a (· 100) = 400 m² *Umrechnung Boden in m²*

100 m² + 100 m² + 64 m² + 64 m² + 400 m² = 728 m² *Berechnung zu fliesende Fläche*

728 m² (· 100) = 72.800 dm² *Umrechnung Gesamtfläche in dm²*

2.657 cm² (: 100) = 2,657 dm² *Umrechnung Fliese in dm²*

72.800 dm² : 2,657 dm² = 27.399,322... ≈ 27.400 *Berechnung Anzahl Fliesen*

→ *Es werden 27.400 Fliesen benötigt.*

d) 207,35 km² (· 100) = 20.735 ha *Umrechnung Gesamtfläche in ha*

47,36 km² (· 100) = 4.736 ha *Umrechnung Landwirtschaftsfl. in ha*

59.100 a (: 100) = 591 ha *Umrechnung sonstige Flächen in ha*

20.735 ha – 6.219 ha – 3.055 ha – 4.972 ha – 4.736 ha *Berechnung Grünfläche*
– 591 ha = 1.162 ha

→ *Die Grünflächen nehmen 1.162 ha ein.*

e) 2,4 ha (· 100) = 240 a *Umrechnung Feldgröße in a*

240 a (· 100) = 24.000 m² *Umrechnung Feldgröße in m²*

24.000 m² · 320 Körner/m² = 7.680.000 Körner *Berechnung der Körner*

7.680.000 Körner : 1.000 = 7.680 T-Körner *Division durch 1.000*

7.680 T-Körner · 52 g/T-Körner = 399.360 g *Berechnung Korngewicht*

399.360 g (: 1.000) = 399,360 kg ≈ 400 kg *Umrechnung in kg (1 kg = 1.000 g)*

→ *Sie muss 400 kg Weizen in ihre Sämaschine einfüllen.*

f) 30.300.000 km² + 13.200.000 km² + 44.400.000 km²   *Berechnung Landfläche*
    + 8.500.000 km² + 10.500.000 km² + 24.900.000 km²
    + 17.800.000 km² = 149.600.000 km²

    510.000.000 km² − 149.600.000 km² = 360.400.000 km²   *Berechnung Wasserfläche*

    360.400.000 km² : 37.900.000 km² = 9,509... ≈ 9,5   *Berechnung Größenverhältnis*

→ *Die Wasserfläche ist ca. 9,5 mal größer als die Mondoberfläche.*

g) 76 : 2 = 38   *Berechnung Anzahl Seiten*
                                                        (2 Seiten = 1 Blatt)

    374 cm² (: 100) = 3,74 dm²   *Umrechnung Seitenfläche in dm²*

    38 · 3,74 dm² = 142,12 dm²   *Berechnung Gesamtfläche*

    142,12 dm² (: 100) = 1,4212 m²   *Umrechnung Gesamtfläche in m²*

    1 a (· 100) = 100 m²   *Umrechnung Fläche der Rolle in m²*

    100 m² : 1,4212 m² = 70,3630... ≈ 70 Bücher   *Berechnung Anzahl Bücher*

→ *Es können 70 Bücher mit dieser Rolle gedruckt werden.*

h) 490 dm² (: 100) = 4,9 m²   *Umrechnung Badezimmer in m²*

    0,143 a (· 100) = 14,3 m²   *Umrechnung Schlafzimmer in m²*

    4,9 m² + 15,3 m² + 14,3 m² + 15,5 m² = 50,0 m²   *Berechnung gesamte Wohnfläche*

    50,0 m² : 3,6 m²/Karton = 13,8888... ≈ 14 Kartons *Berechnung Anzahl Kartons*

    14 · 131,54 € = 1.841,56 €   *Berechnung Preis Alternative 1*

    50,0 m² : 2,8 m²/Karton = 17,8571... ≈ 18 Kartons *Berechnung Anzahl Kartons*

    18 · 100,79 € = 1.814,22 €   *Berechnung Preis Alternative 2*

→ *Ihr Wunschparkett würde 1.841,56 € kosten, die Alternative würde 1.814,22 € kosten.*

i) 1.225 cm² (: 100) = 12,25 dm²   *Umrechnung Boden in dm²*

    4 · 28 dm² = 112 dm²   *Berechnung alle Seitenflächen*

    12,25 dm² + 112 = 124,25 dm²   *Berechnung gesamte Innenfläche*

    1,8 m² (· 100) = 180 dm²   *Umrechnung Bettlaken in dm²*

    180 dm² − 124,25 dm² = 55,75 dm²   *Berechnung Restfläche ohne Deckel*

    55,75 dm² − 26,25 dm² = 29,5 dm²   *Berechnung Restfläche mit Deckel*

→ *Maria kann das Bettlaken verwenden, es bleiben 29,5 dm² übrig.*

j) 44,8 dm² (: 100) = 0,448 m²   *Umrechnung Sessel in m²*

149 dm² (: 100) = 1,49 m²   *Umrechnung Wohnwand in m²*

530 cm² (: 100) = 5,3 dm²   *Umrechnung Stehlampe in dm²*

5,3 dm² (: 100) = 0,053 m²   *Umrechnung Stehlampe in m²*

1,3 m² + (2 · 0,448 m²) + 0,8 m² + 1,49 m²   *Berechnung zugestellte Fläche*
+ 0,053 m² = 4,539 m²

8,5 m² : 3 = 2,83333... ≈ 2,83 m²   *Berechnung m² pro min*

7,23 min · 2,83 m²/min = 20,4609 m²   *Berechnung gesaugte Fläche*

20,4609 m² + 4,539 m² = 24,9999 m² ≈ 25 m²   *Berechnung gesamte Fläche*

→ *Das Wohnzimmer hat eine Größe von 25m².*

k) 160 dm² (: 100) = 1,6 m²   *Umrechnung Türe in m²*

6.400 cm² (: 100) = 64 dm²   *Umrechnung Fenster in dm²*

3 · 2 · 64 dm² = 384 dm²   *Berechnung Fläche Klappladen*
                                                    (3 Fenster mit je 2 Klappladen)

384 dm² (: 100) = 3,84 m²   *Umrechnung in m²*

3,84 m² + 1,6 m² = 5,44 m²   *Berechnung zu streichende Fläche*

5,44 m² : 3 m² = 1,8133... ≈ 2 Farbdosen   *Berechnung Anzahl Farbdosen*

→ *Tanjas Vater muss 2 Farbdosen kaufen.*

l) 15 Maschen · 22 Reihen = 330 Maschen   *Berechnung Anzahl Maschen*

330 Maschen · 1,6 cm = 528 cm ≙ 1 dm²   *Berechnung Wolle für Maschenprobe*

3 · 80 m = 240 m   *Berechnung benötigte Wolle*

240 m (· 10) = 2.400 dm   *Umrechnung in dm (1 m = 10 dm)*

2.400 dm (· 10) = 24.000 cm   *Umrechnung in cm (1 dm = 10 cm)*

24.000 cm : 528 cm = 45,4545... ≈ 45,45   *Berechnung Anzahl „Maschenproben"*

45,45 · 1 dm² = 45,45 dm²   *Berechnung Jackenfläche*

→ *Die Jacke hat eine Fläche von 45,45 dm².*

9. Stichwortverzeichnis

Über die Website

Unter dem Motto „leichter Mathe lernen in der Community!" bietet dir das kostenlose Webportal **mathetreff-online.de** bei deinem Besuch viele Infos rund um das Thema Mathematik an. Die Inhalte sind hauptsächlich für Grund-, Haupt- und Realschüler optimiert, können aber auch für andere Schularten verwendet werden.

Die Website ist in drei große Bereiche unterteilt:

- Im Bereich **Wissen** findest du unser Mathelexikon. Damit angefangen, eine „normale" Formelsammlung für die eigene Realschule mit entsprechenden Beispielen bereitzustellen, finden sich heute über 760 Einträge von A wie Abbildungsmaßstab bis hin zu Z wie Zylinder. Als Ergänzung und „Mathelexikon2go" findest du hier auch unser umfangreiches Karteikartensystem zum Basteln.
- Im Bereich **Action** findest du Übungsaufgaben zu verschiedenen Themen zum Rechnen, aber auch Konstruktionen (natürlich mit entsprechender ausführlicher Lösung). Außerdem sind viele interaktive Lektionen verfügbar, die du direkt am Computer „durcharbeiten" kannst.
- In der Rubrik **Fun** gibt es viel Spaß. Hier findest du viele Matherätsel sowie Mathewitze, Quiz und online abrufbare Spiele sowie unzählige Bastelbögen, mit denen du allerlei mathematische Körper basteln kannst.

Grundsätzlich lässt sich die Website ohne Registrierung nutzen. Damit du selbst jedoch Forenbeiträge oder Kommentare schreiben kannst, ist eine kostenlose Registrierung erforderlich.

Wir freuen uns auf deinen Besuch unter https://www.mathetreff-online.de!

Einfach nebenstehenden QR-Code scannen und hinsurfen! Ich freue mich auf dich!